無理数は、どこが無理なのか

～　みちはた公司の主張と雑談　～

みちはた公司

i

はじめに

　今、このページを開いているあなたは、

　　　「えっ、そういえば、無理数ってどこが無理なんだっけ？」

と思って思わずこの本を手に取ってしまったのではないだろうか。
　あなたが既に高校を卒業した年齢なら、

　　　「たぶん中学か高校で習ったはずなのに忘れちゃったな。」

と思っていないだろうか。
　正解を先に言っておくと、

　　　あなたはおそらく中学校の数学の時間にも高校の数学の時間にも
　　　『無理数のどこが無理なのか』は、習っていないと思われる[*1]。

　お叱りを受けることを承知で、もう少し筆者の推測を大胆に言わせてもらえれば、日本の中学・高校の数学の先生方はこのことを生徒たちに教えておられなかったケースがほとんどだと思われる。
　なぜなら、日本の中学・高校の数学の先生ご自身が

　　　「なぜ無理数は無理数と名づけられ、どこが無理なのか」

ということを

- 自身の学生時代に習っておらず、
- その後自分が数学教師になっても疑問にも思わず、
- 調べたことがなく、
- したがって当然その理由を知らない、もしくは考えたことがない

と思われるからである[*2]。
　自身が知らないものを教えようがないから、当然生徒たちにも教えるこ

　[*1] のちに述べる『正解』を知っている、という方がおられるとは思うが、本書の主張は、『学校で当時、先生に教わったか』である。

　[*2] いやそうではない、考えたことはあるしその理由も知っている、という先生方がどのくらいいらっしゃるか、このあと述べることを中高生が実験してみればすぐわかる。

とはない。

　もちろん、筆者も現場に長くいたので、先生方が本当にお忙しいことは重々承知している。そういった事を話してやりたいのだが、時間がなくてつい、後回しになっているという先生方も当然あるだろうことは承知しているつもりである。失礼の段、ご容赦願いたい。

1　現役の生徒へ（中1〜）

　もしあなたが中学、高校の現役の生徒なら、この本のこのページに指を挟みながら、明日にでも学校や塾の数学の先生のところに行き、

　　　　「無理数って、どこが無理なんですか？」

と聞いてみればよい。

　学校の先生にはタイプがある。

Pタイプ　ちゃんと知っていて、すでに授業でもきちんと話している、または聞けばすぐに答えてくれる先生（その回答が本書の主張と一致するかどうかは問題ではない。諸説あって当然。）

Qタイプ　「もちろんその理由は知っているし、そういった事を話してやりたいのだが、時間がなくてつい、後回しになっている」と言うが、ちゃんとその理由を知っていて、本当に時間が取れない先生

Rタイプ　知らなかったので素直に「知らない」と言うが、後で調べてきちんと教えてくれる先生

Sタイプ　「もちろんその理由は知っているし、そういった事を話してやりたいのだが、時間がなくてつい、後回しになっている」と言いはするが、そういう言い訳でその場を誤魔化しているだけで実は知らない先生。

　もし聞いた先生が「Sタイプ」でなければ詳しく答えてくれるはずなので、他にも質問してみよう。

1. 「平方根」の「根」ってどういう意味ですか。
2. −3.14の「整数部分」は−4だと聞きましたが、ではこの場合の−3は「何部分」と呼ぶのですか。
3. 背理法はなぜ「理に背く」のに証明できるのですか。昔は何と呼んでいたのですか。
4. 「方べきの定理」の「べき」とはどういう意味ですか。「方べき」って何のことですか。「べき」に漢字はないのですか。
5. 「余弦」は「何が余っている」のですか。
6. 「相反方程式」はなぜ「逆数方程式」とも呼ばれるのですか。

2 現役の先生方へ

　もしあなたが中学、高校の現役の数学教員、及び中高生対象の塾の数学講師なら、「この本のこのページに指を挟みながら明日にでもあなたに質問にくる生徒」に「正しく対応するため」に、今すぐ本書を手に入れることを勧める。生徒に聞かれる前に読了しておくことを強く勧める。

　もちろん、上の質問の全てにご自身の回答をお持ちなら、それには及ばない。筆者の「誤解」や「根拠の間違い」があるかもしれないので、あなたが筆者の意見に反対でもいい。ただ、根拠を持ってきちんと何かを答えられるようにはしておいていただきたい。

3 日本の数学教育の責任

───── 主張 1

「無理数がなぜ無理数と呼ばれるのか」を授業で教わらなかった人が数学を嫌いになったり、 数学を苦手だと感じている（感じていた）とすれば、それはその人の責任ではなく、そのことを教えてこなかった先生と学校、そして、日本の数学教育に責任がある。

　ということが本書の主張である。これを世に諮りたい[*3]。

　あなたがもし日本語以外の言語で数学を学んでいたら、もっと数学ができていたかもしれないのだ[*4]。

　あなたは、自分の子供（あるいは将来生まれる自分の子供）が数学を苦手になってもいいと本気で考えているだろうか。もしあなたが数学を苦手としている（していた）としても、自分の子供が同じように数学が苦手でも構わないと本気で考えているだろうか。

　　　「無理数」は「誤訳」である。

　日本の数学用語には、いくつかの概念において重大な誤訳がある。

　　「誤訳」という言葉の語感が強すぎて「拒否感」「違和感」「嫌悪感」を覚える方がいらっしゃったらこれは素直にお詫び申し上げる。

───────────────

[*3] 相談する。　　　　　　　　　　　　　　　　　　　　　　【大辞泉】[2]

[*4] もちろん、やはりできなかったという可能性もある。

本書は、筆者の「温厚な人柄」と「常に冷静に論理的に行動する性格」、「落ち着いた語り口」を知っている人が読めば少し違和感を覚える*5だろう。少し付き合いのある人なら、筆者が急に怒り出したり、議論の末に興奮して暴言を浴びせたり、突然に高圧的に強制的に、何かを命じるような性格ではないことをよくご存知だろう。

しかし、プロレスの悪役と同じく、観客を過度に刺激して、派手に攻撃を仕掛けて暴れなければ本書を上梓*6する意味はない。将来の日本の中高生のために、あえて非常識で攻撃的な表現をしていることをご容赦願いたい。———（♠）

なお、「悪役レスラー」の存在目的の一つに、観客の目を惹き、関心を持たせ、ときには怒りを買い、その結果、会場に観客を動員する、という役割があると思われる。毒霧を吹いたって椅子を振り回したって構わない。たとえ眉を顰めるような表現となり、世間の怒りを買おうとも、それが最終的に「業界全体の利益」につながれば、悪役レスラーは立派に仕事をしたと言える。

本書において、筆者は敢えて悪役レスラーの仮面を被ろう。

悪役レスラーの仕事は、歴史が判断する。

高校の数学教員として日々指導法を研究し、生徒たちの理解を大切に考えてきた筆者は、「第 54 回近畿算数・数学教育研究（和歌山）大会」（2007（平成 19）年 11 月 9 日）などでこのことを訴えたが、筆者の知識不足、経験不足もあり、残念ながらその程度ではその後の日本数学教育界は変わらなかった*7。当時の筆者の願いは

「誤訳と思しき数学用語を検証し、会議で賛同の得られたものについて思い切って変更してしまうこと」

であったが、これからこの事業に挑むには、ちと歳をとり過ぎた。用語をどう変えるかについての仕事は年寄りがやるものではない。

それは後の世代に任せるとして、本書を筆者の「遺書」としてとりあえず言うべきことは言っておく。もし、

日本語で数学を学んだ子供たちが他国の同世代の子供たちに比べて*8『数学が苦手』であってもいい。それはそれで仕方ない。

と本気で考えているのなら、敢えて用語の変更をしなくてもいいだろう。

これから 50 年、100 年経っても同じ議論を繰り返し、同じところをグルグル回っていく事が『日本の数学教育』の歩む道なら、それもまた『日本の数学教育』なのだろう。

筆者の 2007 年の発表よりも先にこのことを訴えた先生も数多くいらし

---

*5 違和感を感じる、は間違い。違和感は「覚える」ものである。
*6 書物を出版すること。　　　　　　　　　　　　　　　　　　　　　　　【大辞泉】[2]
*7 若干の変化、進化があったことは 167 ページに述べている。
*8 ここでは一部の優秀な生徒、たとえば数学オリンピックに出場するような生徒を問題にするのではない。他国と比べるのは、大多数の平均的な生徒や苦手意識をもつ生徒である。

3 日本の数学教育の責任

たし、その後も様々なところで同様のことを訴えている先生方も多数いらっしゃるが、どうやら文部科学省の中枢部へは届いていない。

いや、筆者の訴え以上に、研究会やネットでそれなりに問題になっているのに、知ってか知らずか、現場の忙しさに追われて[*9]か、この問題がこれまで全国の中学高校の数学教員たちの大きなうねりにもならなかったということは、教員側はそうたいした問題ではないと考えている証左[*10]でもある。

　　　　情けない限りと言わざるを得ない。

その後、勤務校で管理職となり多忙になったために、この問題に深く関わることができなかったなどと言い訳をする筆者も同罪である。

これまでに、日本の数学教育における用語改変という事業を成功させることができなかった。

力不足である。
無念である。
日本全国の中高生に対して誠に申し訳ない限りである。

数学研究会で訴えても数学界が動かないのなら、世の中全体の興味を引き、国民全体の意識を上げるしかない。

世間に訴えて、問題提起するしかない。

本書の指摘する数学用語の現状を世間が正しく認識をした上で、なお変わらなければ、それを「令和日本の数学用語に対する国民の意識」として甘受[*11]するしかないと考えているが、とにかく、まず本書の訴えが「国民全体の知識、常識」とならないと話が始まらない。

とにかく、知って欲しい。

知ってなお、

　　　「そんなん、どうでもええやんけ」

が国民の答えなのかどうかを問いたい。

世に問う。

日本全国の中学高校の数学教員たちに問う。
日本の中高生、及び保護者に問う。
本当にこのままでいいのか。

[*9] この点については今、本当に問題になっている。現場の先生方には頭が下がる。

[*10] 事実を明らかにするよりどころとなるもの。証拠。　　　　　　【大辞泉】[2]

[*11] やむをえないものとしてあまんじて受け入れること。　　　　　【大辞泉】[2]

本書は、日本語で数学を学んでいる中高生、またかつて日本語で数学を学んできた大人たちへの贖罪*12のためと、令和、そしてその先の「未来の日本の中高生」との対話を楽しむために書くことにした。

あとは令和の若い数学教員が判断すればよい。

- 用語など今更変えるつもりも気力もない
- どうでもよい
- そんなことは数学の直接の理解には関係無い
- もっと大事なことがある

と判断するならば、年寄りの戯言*13と嘲笑*14し、本書を

「こんなことを書いていた馬鹿がいた」

という証拠として後世に末長く残してほしい。

ただし、証拠としてはっきりと残すために、全国の中高の図書室、全国の市町村の図書館に必ず1冊は配架*15してもらわなくては困る。

本当に筆者の主張が間違っているというのなら、その証拠を残し、後世の中高生に嗤って*16もらうためにも、担当職員の皆さんのご協力と担当部署の長の英断をお願いしたい。

何ならマスコミに取り上げてもらって、数学用語の現状を白日の下に晒す*17ことも大いに歓迎する。どこかへの忖度*18があるのかないのか知らないが、もはや隠している時代ではない。20年も30年も経ってから、あるいは筆者が死んでから世に出すくらいなら、今、大いに取り上げて欲しい。筆者はそのための協力は惜しまない。*19

---

*12 善行を積んだり金品を出したりするなどの実際の行動によって、自分の犯した罪や過失を償うこと。罪滅ぼし。　　　　　　　　　　　　　　【大辞泉】[2]
*13 たわけた言葉。ばかばかしい話。また、ふざけた話。　　　　【大辞泉】[2]
*14 あざけり笑うこと。あざわらうこと。　　　　　　　　　　　【大辞泉】[2]
*15 図書館・資料室などで、新たに受け入れた、また、返却された資料・図書を一定の分類方式に従って書架に並べること。　　　　　　　　　　　【大辞泉】[2]
*16 嗤う：あざけりばかにする。嘲笑する　　　　　　　　　　　【大辞泉】[2]
*17 広く人目に触れるようにする。　　　　　　　　　　　　　　【大辞泉】[2]
*18 他人の心をおしはかること。　　　　　　　　　　　　　　　【大辞泉】[2]
*19 たとえば50年後に数学用語改正が一斉に行われたときに、「実は50年前にこんな本を書いている人がいた！　すごい！　先見の明があった！」というのは勘弁してほしい。今変えてくれ。

全国民に伝えたい。

- 本書は、全国の中高生が手分けして、できるだけ多くの数学の先生に「無理数はどこが無理か」などの質問をし、問題意識を持ってもらうために、中高生のいる全家庭に一冊は必要と思われる。中高生のみなさんは、学校や塾の数学の先生より先に手に入れて、ぜひ先生に質問して欲しい。
- 一方、全国の公立私立を含めた中高の数学教員及び塾の数学講師は生徒に質問されて恥をかくことのないように、生徒より先に、今すぐ本書を購入・読了すべきである。とにかく、生徒に質問されるより前に読了される事を勧めたい。

  もし生徒に質問された際、自分の立場を守るために筆者の論に反論しようとする場合、または（批判は甘受するが）非難、否定、抹殺しようとする場合は、生徒が納得する情報、証拠、証明を生徒に提示することをお忘れなく。本書を読んでいる意識の高い中高生は、「反証に値する情報、証拠、証明を提示」しない限り、納得しないだろう。
- 全国の中学校、高等学校の図書館で、「図書館に入れる本」を選ぶ担当に当たっている先生方または職員の皆さんは、自校の生徒たちの「学習に対する心構えの向上」のため（決して成績向上のためではない。ただし結果的に成績が向上しても責任は負いかねる。）に、1 校につき少なくとも 1 冊、できれば 3 冊程度ずつ、本書を発注すべきである。

令和の日本の子供たちが数学について正しく思考できるかどうか（成績が上がるかどうかではない）は「数学用語の誤訳をなくす」かどうかにかかっている、というのが筆者の主張である。将来の日本の中高生が、

数学用語の誤訳の所為で本質を理解することが困難になることを防ぐため、

本書を世に送る。

この目的を邪魔する者は容赦しない。束になってかかってきなさい。

どうか本書が令和の日本の数学教員、および文部科学省の「数学用語の変更の決定権」をもつ方々を動かすきっかけとなることを切に願う。

4　本書を読む時の注意

本書は、数学用語の現状を世間に暴く「暴露本」という誹りを受けるかもしれない。確かに、そういう側面もあるだろう。数学の先生が読めば、

「そんなことは当然知っているし、以前から問題になっていた。
　何を今更。」

と言うかもしれない。でも、そう言う先生は、そのことを授業で生徒に話してきたのだろうか。生徒に聞いてみればすぐわかる。

　数学の先生の間では常識であることが、現在数学を学んでいる最中の中高生たちに知らされていないことが問題なのだ。

　本書には、世間（特に現在数学を学んでいる中高生）に数学用語の現状を広く正しく知ってもらい、数学用語の問題を一緒に考えてもらいたいという意図がある。普通の中高生と、普通の保護者と、普通の大人が、本書で訴える誤訳の現状を知った上で、数学用語をどうすべきかを考えてもらいたいのだ[20]。

　また同時に、本書の大きな目的を、令和日本の中高生たちが

目的

「物事を正しい目でとらえ、自分の頭で考える」
「疑問に思ったことを曖昧にしない」

ための姿勢を醸成[21]することにおく。

　本書は中高生が読む事を前提とするため、あえて同じ事を繰り返し書くようにする。また、本書を読んで数学を好きになってもらいたいとか、成績を上げてもらいたいという意図はない。

　自分が好きだからとか、役に立ったから、といって人に強要する人間は煙たがられるものである。筆者は、数学が好きだとか、好きになりたい人が多ければ多いほど良いことだとは思っているし、教えて欲しいという生徒が来たときに邪険[22]にすることは基本的にない。

　　これは筆者のみならず、全国の数学の先生、いや、全教科の先生方に共通していえることだと胸を張って言いたい。学校の教員が、「生徒の学力が下がるような授業」を目指しているわけがない。「この教科をわかって欲しくない、嫌いになればよいのに」と思って授業をしているはずがない。どの教科も同じだ。教員は、生徒にその教科を好きになってもらいたくて、生徒がその教科に喜んで取り組み、「理解すること、できたこと」を嬉しいと思ってくれることを目指している。よほどの用事がない限り、困っている生徒が助けを求めてきたのに邪険に扱う教員など、この

---

[20]　どうもしない。どうでもよい、というのはもちろん選択肢の一つである。

[21]　ある状態・気運などを徐々につくり出すこと。　　　　　　　　　　【大辞泉】[2]

[22]　相手の気持ちをくみ取ろうとせずに、意地悪くむごい扱いをすること。また、そのさま。邪見。　　　　　　　　　　　　　　　　　　　　　　　　　【大辞泉】[2]

4 本書を読む時の注意

日本にはいないと信ずる。ただし、質問する側にも理性と常識、正しい姿勢は求められる。筆者は質問しにきた生徒には「正しい言葉遣い」と「筆記用具と紙の持参」は求めてきた。それが礼儀だからだ。残念ながら「礼儀知らず」に教えてやる暇も余裕もない。中高生の皆さんは肝に命じるべきである。自分勝手に自分の要求だけを求めるような人間になってはならない。

しかし全国民にこちらからお願いして数学を好きになってもらおうというところまでは手が回らない。

また、本書に限らず、何か一冊の本を読んで数学の成績を上げようなどという虫のいい話を探してもらっては困る。数学の成績は一所懸命勉強することによってのみ、向上するのだ[*23]。

その勉強の際に、アプローチで「誤誘導」があればとんでもない方向へ行ってしまうから、教員がいて参考書があるのだが、教員や参考書が「誤訳」に気付いていないとしたら大変な遠回りである。

中高生が「誤訳に基づいた説明をする教員や参考書」を素直に信じ、疑うことなく時間を費やし、その「間違った誘導」に気づかずにいるとしたら大変な遠回りである[*24]。

目的

「物事を正しい目でとらえ、自分の頭で考える」
「疑問に思ったことを曖昧にしない」

という姿勢を持てば、「誤訳」に気づくことができるかもしれない。早めに軌道修正できるかもしれない。

本書を読んで「誤訳」に気づき、

「物事を正しい目でとらえ、自分の頭で考える」

ことにより定義や定理を正しく理解し、

「疑問に思ったことを曖昧にしない」

という姿勢で問題を解くようにしてほしい。

ただしその結果、万一、数学が好きになり成績が上がったとしても、

――本書は責任を負いかねる。

[*23] 筆者は、質問に来る前にその類題を 100 題解いてこい、と冗談で言うことがある。でも、本当に類題を 100 題解いてみたら、最早質問することはなくなっているのではないか。もちろん、100 題は冗談ですよ。

[*24] 本書を読み終えた中高生は、今持っている参考書を開いてみるとよい。あるいは数学関係の書籍を書店に見に行くとよい。「有理数」、「無理数」、「平方根」、その他本書で扱う用語をどのように説明しているか。誤誘導になっていないか。本書を理解した後ならば、よい参考書とヒドイ参考書を見分けることができるだろう。

本書では次の仮説を立てる。

━━ 仮説 ━

日本では、

- 初めて目にした言葉はまず、「漢字」とその「読み」で理解しようと努める人がほとんどである。
- 一度聞いたはずの言葉の意味を忘れてしまったときは、やはり「漢字」とその「読み」を用いて思い出そうとする人がほとんどである。

付け加えるなら、「頭字語」や「カタカナ語」の中には、まずその意味を記した日本語で理解し、その後、「頭字語」や「カタカナ語」で記憶するケースがしばしば見られる。

「頭字語」は聞き慣れないかもしれないが、この単語こそ、初めて聞く人は当然「漢字」で理解しようとするだろう。そう、これは文字通り「頭」の「字」を並べた「語」、例えば「UFO」のようなものをいう。

試しに家族や周りの大人に

「空飛ぶ円盤を UFO って言うけど、あれはそもそも何のこと？」

と聞いてみればよい。普通は

「未確認飛行物体のことだよ」

と言うはずだ。——「漢字で覚えている」からである。

「Unidentified Flying Object のことだよ」

と言う人は珍しいだろう。[25] 重ねて

「じゃあ NATO は？」

と聞いてみればよい。おそらく

「北大西洋条約機構のことだよ」

と教えてくれると思われるが、

「North Atlantic Treaty Organization の略だよ」

と教えてくれる人はごく稀だろう。
大人は皆、「漢字で覚えている」からである。

---

[25] 第一、何の略かは知らないのが普通であると思われる。

4　本書を読む時の注意

　この二つの質問は、このページを読んでいる今、あえて手を止めて、実際に周りの大人に聞いてみてもらいたい。こういう「実験」は大切である。

　また、聞き慣れないカタカナ語も一旦は漢字に置き換えることが多い。一時期、「レガシー」を連呼(れんこ)する人があったが、いきなり「レガシー」などと言われても何のことかわからなかった人が多かったのではないだろうか。テレビでは発言のたびに「レガシー（遺産）」とテロップを出してくれたから徐々に国民に浸透はしたが、だったら初めから「遺産(いさん)」と言えばよいのに、と思った国民は多かったはずである。逆説(ぎゃくせつ)的に言えば、そう思う人が多いだろうとテレビ局が判断したからこそ、テレビ局はテロップを出したのである。巷間(こうかん)*26、「何でもかんでもカタカナ語にするな、日本語で喋(しゃべ)れ」などという意見を耳にしたり、投書を目にすることが少なくないことは、この国に暮らす大人なら同意してくれる人が多いだろう。

　大事なことなのでもう一度言う。

　　【テレビ局が、「レガシー」ではなく、「レガシー（遺産）」というテロップを出したことの理由】

が、

　　【「レガシー」というテロップのみを出した場合、わからない人が多いだろうと、テレビ局が判断したこと】

に注意してほしい。
　つまり日本では、ほとんどの人は「『漢字』を使って」記憶、理解しているということをテレビ局は知っているということである。

　本書では、上記の仮説を元に話を進める。
　いま、仮説と言ったのは全国民が納得するものではないから、という理由で筆者の性格上「控(ひか)えめ」に言ったのであって、「仮説どころか、真説、その通りだ」と思っておられる方は特に気にされる必要はない。
　万一、上の仮説に対し、反対の立場をとる人、「いや、そんな事を前提に話をするなら読むのをやめさせていただく、前提が違う」という方がいらっしゃった場合のことを考えて「仮説」と申し上げただけである。
　学問というものは「仮説」を設定することから始まる。「地球が回っているかも知れない」という仮説を立てなければ、それが合っているのか

---

*26 まちのなか。また、世間。ちまた。　　　　　　　　【大辞泉】[2]

違っているのかを検証する動機すら生まれない。仮説を認めなければ学問の進化はない。
　仮説に反対の方はどうぞご退場ください、というだけのことである。

■仮説の傍証（ボウショウ）

> 小学校などで「小野妹子（おののいもこ）」を初めて知ったとき、女性であると勘違いしていたケースが多い、またはほとんどである。
> しかし、学習後は男性であると認識している人が大多数である。

　※　おの-の-いもこ【小野妹子】■
　　　飛鳥時代の官人。遣隋使となり607年隋に渡り、
　　　――（中略）――墓誌の出土した毛人（えみし）の父。生没年未詳。
【広辞苑】[1]（圏点引用者）

　ほとんどの人は、孔子や聖徳太子のことは初めから男性だと思っていたのではないか。それは「子」を「シ」と発音するからだ。ところが「妹子」の「子」は「こ」と発音する。さらに、「妹」という字面から、「女性」をイメージしてしまうこともある。
　初めてその名前を見たときは「妹子」を女性だと思ったものの、学校等で教わって、学習したのち後天的*27に男性だと認識するのである。小学生時代に「妹子って女じゃないの？」というお決まりのとぼけた質問で同級生に笑われた経験を持つ人は周りにいたのではないか。

　大事なことなのでもう一度言う。
　小野妹子という名前の漢字と読みを、小学校などで初めて知ったときは「妹子」を女性だと思ったものの、学校等で教わって、学習したのち後天的に男性だと認識し、知識として獲得するのである。多くの大人はまず間違いなく獲得している知識である。大人が「妹子って女性じゃないの？」と言えば笑われるのではないか。

---

　*27　生まれてからのちに身にそなわるさま。⇔先天的。　　　　【大辞泉】[2]

4　本書を読む時の注意

> **主張 2**
>
> 　無理数も、はじめは誰しも「どこが無理な数なのかな」と思うものだが、学校等で教わって、学習したのち後天的に「無理数はどこも無理ではない」ことが一般常識となっていくものである。
> 　ところがなっていない。
> 　その証拠に、あなたは「どこが無理だったっけ？」と思って本書を手に取ったではないか。
> 　これが正に、日本の数学教育の大問題なのだ。

　これは日本の数学教育の敗北である。
　やれ学力が下がった、やる気がどうたら、ICT こそ必要だ、タブレットを与えさえすれば、成績の付け方を変えれば、、、

　無意味だとは言わないが、そんな事をする前にやることがある。

　　「数学用語の改革」である。

(I) 本書は、日本語で数学を学んでいる高校生、および意欲のある中学生、ならびに中学・高校時代に日本語で数学を教わった大人たちへ向けて書いている。日本語以外で学ぶ（学んだ）人には役に立たない。
(II) 本書は、文字だけで主張する。
　(1) 中高生を対象に書かれた本の中には、会話形式をとったり、イラストを挿入したり、砕けた言葉遣いをしたり、多色刷りにしたり、ところどころ字を大きくして強調してみたりする本がある。中高生が読みやすいように、という配慮だろうが、本書はそういうことは原則行わない。
　　文字装飾は、サイズ変更、圏点（けんてん）、やや強い圏点、太字、程度にとどめる。色は使わない。 目で文字を追いかける努力が必要な本である。
　(2) 本書は、無責任な謳（うた）い文句は使用しない。
- 「数式なしで理解できる。。。」「文系でも。。。」
- 「7 日でできる。。。」「1 日でできる。。。」「150 分で理解する。。。」
- 「やさしい。。。」「小学生でも。。。」
- 「必ずわかる、できる。。。」「小学校の算数が。。。」
- 「ゼロからわかる。。。」「受かる。。。」

といったタイトルの書籍を時に見かけるが、これらの本は、果たして謳い文句通りの結果を読者の何%に提供しているのだろうか。

本書はいずれでもない。本書にそういうことを期待してもらっては困る。わかりやすく書くことは努力するが、「意欲のある中学生」と「高校生」ならば知っている、または知らなくても調べればわかる程度の用語、漢字、表現は使用する。小学生にはわからないし、読めない。[28]

もしかしたら語彙[29]力の少ない高校生は読めないかもしれない。

可愛いキャラクターも登場しないし、どこかの国の「大学入学のための一次テスト」のように、太郎くんや花子さんも登場しない。

(3) 文中に使用する適切な熟語をあえて言い換えて平易な表現にしたりはしない。

例えば「呪縛」と書いている場合は「縛り」など他の平易な言葉には置き換えがきかないと筆者が思うから「呪縛」と書いている。言葉には思いを込める。使用する言葉と漢字の選択は書き手にある。

一方で、数式は必要最低限しか書いていない。それは読者が数式を読めないだろうという意味ではなく、「誤訳のために数学が嫌いにならないように、用語の改正を求めること」がテーマだからである。テーマのために必要な数式は掲載している。

(4) ただし中高生が飽きないように、いくつかコラムを挟んだ。本書を「とっつきにくい」と感じる中高生の皆さんはとりあえずここだけ読むことから始めてもよい。

これは筆者が授業中の雑談に使用してきたものを中心に集めた。中には教室で話すのはいかがなものかと思うものもある[30]が、あくまでも中高生の読者が飽きないための Coffee Break なので大人の皆さんにはご寛恕[31]願いたい。

(III) 本書は中高生が読むことを前提にしているので、

(1) 「〜ページ参照」をできるだけ避け、何度も同じことを書くようにする。

(2) 中学生が読めないと思われる漢字には可能な限りルビを打つようにする。2度目に登場する時には読めるようになっているはずであるが2度以上ルビを打つこともある。

(3) 中学生にとってやや難しいと思われる言葉には欄外に注釈をつける。辞書を引かずとも言葉の読みとその意味を同時に獲得しやすいようにとの配慮である。

---

[28] 拒むわけではない。頑張って読もうとする小学生は大歓迎だ。これが「書籍」のよいところである。高校生対象の本でも、図書館にあれば小学生だって読むことができる。

[29] ある言語、ある地域・分野、ある人、ある作品など、それぞれで使われる単語の総体。 【大辞泉】[2]

[30] これを読んでいる先生方が授業の雑談に使用することを禁止はしないし、むしろ大いに宣伝してほしいが、中には過激すぎてお蔵入りしたものもあるので、教室で生徒に話す場合にはあくまでも自己責任で。

[31] 過ちなどをとがめだてしないで許すこと。 【大辞泉】[2]

4　本書を読む時の注意　　　　　xvii

(IV) 本書は以下を目的と<ruby>し<rt>﹅</rt></ruby><ruby>な<rt>﹅</rt></ruby><ruby>い<rt>﹅</rt></ruby>。
　　(1) 中高生に数学を少しでも身近に感じて欲しい
　　　　→ 結果的に身近に感じてしまっても責任は負いかねる。
　　(2) 中高生の数学の成績を上げたい
　　　　→ 結果的に成績が上がっても責任は負いかねる。

(V) 本書には以下のことは<ruby>書<rt>﹅</rt></ruby><ruby>い<rt>﹅</rt></ruby><ruby>て<rt>﹅</rt></ruby><ruby>い<rt>﹅</rt></ruby><ruby>な<rt>﹅</rt></ruby><ruby>い<rt>﹅</rt></ruby>。
　　(1) 数学は何の役に立つか
　　　　→ 勉強する前の人間に説明しても共感を得られるとは思わないので書いて
　　　　　いない。「必ず役に立つから」などと美辞麗句を並べ立てて頑張らせたの
　　　　　に、勉強し終わった本人が「結局役に立たない」と感じた場合の責任は取
　　　　　れない。
　　　　　　「役に立つ」かどうかなんてやってみなくてはわからない。「国語」で
　　　　　学んだ「詩」が 30 年後に心に響き、役に立つことだってある。「日本史」
　　　　　で学んだことが会社の経営や人生に悩んだ時の決断に役立つことだって
　　　　　ある。また、役に立たないと思ってもやらねばならぬことは世の中に山
　　　　　ほどあるのであり、「損得勘定抜きに、楽しくて夢中で頑張ったこと」が
　　　　　結果的に役に立つこともある。若者が何かをやる前に「役に立つかどう
　　　　　か」を求めてはならないと思う。「夢中で頑張れば何かが残るかもしれな
　　　　　い」くらいがホントのところだろう。
　　　　　　灘高校の橋本武は「すぐ役に立つことはすぐに役に立たなくなる」と
　　　　　言っている[*32]。タイム<ruby>パ<rt>﹅</rt></ruby><ruby>フ<rt>﹅</rt></ruby>ォーマンスの重視ばかりして（重視するな
　　　　　とは言わない）、大切なことに時間を使うのを忘れてしまえば本末転倒で
　　　　　ある。スマホがなかった時代に青春時代を過ごした世代の方が、令和世
　　　　　代よりも多くの時間を持っていた、などと揶揄[*33]されることのないよう
　　　　　にしなくてはいけない。
　　(2) なぜ数学を勉強しなければならないか
　　　　→ 必要だと思う人がすればよいと思うので書いていない。
　　　　　なぜ野球を頑張らなくてはならないか
　　　　　　野球をやらなければ野球ができないだけで、野球ができなければそ
　　　　　の条件の下でその後の人生を頑張ればよい。
　　　　　なぜ音楽を頑張らなくてはならないか
　　　　　　音楽をやらなければ音楽ができないだけで、音楽ができなければそ
　　　　　の条件の下でその後の人生を頑張ればよい。
　　　　　同じことである。
　　　　　　数学をやらなければ数学ができないだけで、数学ができなければそ
　　　　　の条件の下でその後の人生を頑張ればよい。
　　　　　それ以上でも以下でもない。やらなければ単位を取れないというならや

[*32]【『伝説の灘校教師が教える一生役立つ学ぶ力』，橋本武著，日本実業出版社刊，2012 年】[45]

[*33] からかうこと。なぶること。嘲弄。　　　　　　　　　　【大辞泉】[2]

るしかない。数学を頑張って単位を習得し、卒業して更に上の学校などに進学するか、数学を諦めて別の単位を習得してさらに進学するか、卒業を諦めて別の道に進むか。選択の自由は自分にある。

(3) 「数が苦」を「数楽」にしたい

→ そう思わないので書いていない。「数が苦」や「数楽」という「言葉遊び」に対して、吉本新喜劇を見て育った関西人としては面白くもなんともないので共感できないことが第一だが、何より、物理学、科学、医学などをそれぞれ「物理楽」「科楽」「医楽」などにしようという声は、寡聞*34にして知らない。生徒に数学を楽しく学んでほしいという気持ちそのものは大いに共感するが、こんなことを言っているのは筆者の知る限り「数学関係の書籍」だけである。物理学、科学、医学にそんな書籍があるなど聞いたことがない。言霊の影響なのかも知れないが、こんな書き換えを行っている人は、なぜ物理学、科学、医学などにそんな書籍がないのか、合理的な理由を示すことができるのだろうか。

「医学ではなく、『医楽』を学んで医者になりました！」

という宣伝文句の医者がいたらお目にかかりたい。

数学は漢字の書き換えによって楽しくなるものではない。正しい理解のもとに学習を深めた者にだけ、楽しさがわかる「学問」なのだ。未来の日本を担う中高生が学ぶ数学は、断じて「楽問」ではない。甘言*35を弄して生徒の機嫌をとる大人を信用してはならない。

なお、音楽が楽しいのは「楽」の字が含まれているからではない。

実際、music に「楽」は含まれていない。

(4) 2次方程式を早く簡単に解く方法

→ こういう話は、生徒との対面でしかやりたくないので書いていない。2次方程式だけではなく、こういったテクニックの類は筆者もたくさん持っているが、今回は本書の目的とは違うので書かない。他の本に委ねたいのでそちらを参照されたい。筆者の授業を聞くのは、その年、偶然に担当するクラスになった生徒たちだ。これは、どの学校でもそうである。もちろん、同じ学校の生徒の質問には対応するし、特別授業や進学講習が組まれれば対応する。別の学校に出前授業をしたこともある。関わる機会があれば、出会った生徒の理解のために限られた時間の中で可能な限り尽力するのは教師として特別な活動ではない。

(5) 世界は数学でできている、数学は生活のいたるところに潜んでいる、数学がなければ「〜」は動かない、数学がなければ世の中は成り立たない。

→ 当たり前だと思うので書いていない。他の本に委ねたいのでそちらを参照されたい。

(VI) 文章のみで笑わせ、泣かせ、感動させ、理解させ、納得させるように書いている。読者は、読了までに何度か頬を緩め、大笑いし、涙

---

*34 見聞が狭く浅いこと。謙遜していうときの語。　　　　　　　【大辞泉】[2]

*35 人の気に入るような口先だけのうまい言葉。甘辞。　　　　　【大辞泉】[2]

4 本書を読む時の注意 xix

し、感動し、理解し、納得するだろう。本書を通勤通学の電車の中や病院の待合室、その他公共の場で読んでいて、つい声を上げて笑ってしまったり、涙してしまっても責任は負いかねる。

(VII) たとえば　【広辞苑】[1]　とある場合、巻末の参考文献にあるリストの同じ番号を参照すれば参考文献の情報を知ることができるようになっている。ただし、可能な限り参考文献の情報をまるごと本文におき、巻末を参照しないで済むように心がける。

(VIII) 慣例に従い、敬称は略す。筆者の気持ちとしては歴史上の人物も含め引用させていただいた方全員に「先生」や「師匠」「様」などの敬称をつけ、「仰る」「述べておられる」という表現で原稿執筆をしていたのだが、諸般の事情によりすべて「呼び捨て」にし、「言う」「述べている」などとするものとする。筆者の本意ではないが、ご理解いただきたい。

　以上、注意点に同意いただいた上で本書を読み進めてほしい。

♡　　♡　　♡　　♡　　♡　　♡　　♡

今どき、外食をすれば昼食でさえ 1,000 円か、それを上回ることが多いだろう。

> 1,000 円の本を買ったが自分にとって 3 行しか意味がなかったとしたらそれは 3 行が 1,000 円の価値であったのであり、2,000 円の本を買ったが自分にとって 3 ページしか意味がなかったとしたらそれは 3 ページが 2,000 円の価値であったのである。

と言う人がある。

　ある本を読んだ人が、その本の「一部分」から、何らかの「知識」「感動」「笑い」「反省」「戒め」「教訓」「人生の指針」「興味のきっかけ」を得ることができたのであれば、「その本はその人にとって価値がある」といえるのだ。3 行でも 3 ページでもあなたの「価値」になるならば、あなたは本を購入する意味がある、というわけだ。

　またある人は、図書館で本を借りることを嫌うという。汚さないようにしなければならないからだ。いつでもどこでも、たとえばポテトチップスをつまみながら、たとえばアイスクリームを食べながら、というわけにはいかない。だからある程度きちんとした場所できちんとした姿勢で読まなければならない。しかも返却期限があるので落ち着いて読めない、というわけだ。

　言われてみればたしかに、購入した本なら「感動したところ」、「大事なところ」に線を引いても、読み返したいページの角を折っても、おやつを食べながら読んだりして少々汚しても気兼ねすることはない。また、読後すぐにもう一度読み返すこともできるし、3 年後、10 年後にふと思い出して読み返すこともできる。お金を出して本を買うからこそ、その本の内容が身につく場合が多いのだろう。筆者も図書館で借りることもあるが、どちらかといえば線を引いて角を折って、何度も見返し、何年も経ってから再度読み返したいタチなので気に入った本は購入することが多い。

今、ここまで読んでみて、少しでも「興味を感じた」のであれば、この先に書かれていることはきっとあなたにとって何かしらの「価値」を与えるだろう。本書をぜひ購入していただいて、飲み物を飲みながら、お菓子を食べながら、友人や家族とワイワイ言いながら、必要と思うところに線を引いて、読み返したいところには折り目を付けて、いい意味で「汚し」ながら読んでほしい。せっかく買ってくれたのに、一度読まれたあと、本棚に一生「立たされる」よりは、

- 手垢で真っ黒になって線を引かれて角を何枚も折り込まれて
- 付箋(ふせん)を付けられて、友人に貸して借りられて、
- 鞄(かばん)の中で少々しわくちゃになり、雨で濡れてヨレヨレになっている

方が本書もずっと喜ぶだろう。読み返したときに飲み物のシミがあってもいいじゃないか。いつのだかわからない古びたポテチのカケラが出てきたっていいじゃないか。本をいい意味で「汚す」ことは本にとって幸せなことではないだろうか。
　なお、保存・保管用、観賞用、筆者にサインを書いてもらう用、など、2冊目3冊目を購入していただければ今度は筆者が喜ぶだろうと思われるので大歓迎である。

1. ここまで読むことができた人はこの先もきっと楽しく読めると思う。本書とあなたの感性はおそらく高次元で同調していると思うので、このまますぐにレジへ向かうべきである。
2. ここまで読んでなお、本書を購入しようかどうかと迷っている場合は、「おわりに」も読んでみてほしい。
3. 「はじめに」と「おわりに」を読んでなお、購入を躊躇(ためら)う人はきっと本書とあなたの感性が同調しないのであろう。
　　別の本を手に取ってはどうだろう。「数楽」の本なんかが合うのではないだろうか。

4　本書を読む時の注意

Coffee Break

雑談：「(笑)」は使わない

　漫画家は4コマ漫画のオチの場面に（ここで笑う）とは書かないし、落語家は噺（はなし）の中で笑って欲しいタイミングで「ここで笑ってください」とは言わない。舞台や映画でも「ここで笑う」「ここで泣く」という指示はしない。

　「(笑)」は「メール」が登場してから始まった文化ではないかと思う。対面で話すときとは違って表情が見えないので、メールでは冗談を言っても（書いても）読み手にそれと伝わらない場合がある。この場合は相手に不快感を与えたり、悪くすれば喧嘩（けんか）となる。なので「これは冗談ですよ」という意味で「(笑)」を使うようになったのであろう。

　筆者は個人的なメールであっても、「(笑)」を使わない。それは、たとえメールでも文章の中でこれを使わずに相手を「笑わせたい」からである[a]。

　文章で笑わせたいときに「(笑)」と書くのは、書き手のプライドに関わる問題だと思うのである。

　ゼロではなかったかもしれないが、ひと昔前の手紙やエッセー[b]では「(笑)」を使う文化はなかった気がする。あくまでも表現の中でそれとわかるように読者をニヤッとさせたはずである。それにはある程度のテクニックが必要で、時には微笑ましく、時にはシニカル[c]に、時には大笑いさせる技巧（ぎこう）が書き手側に求められたはずである。当然、読み手にも一定の知識が求められる場合もある。

　雑誌のエッセーなどでもそういう技巧はあった。病院の待合室などで時間潰（つぶ）しに読んでいた週刊誌のエッセーやコラムに頬（ほお）を緩（ゆる）ませたことや、笑いを堪えている姿を人に見られてやしないか冷や冷やしたという経験がある人も少なくないだろう。

　書き手としては、「(笑)」を使わずに相手を笑わせることを目指したい。昭和男（しょうわおとこ）のくだらない矜持（きょうじ）[d]である。

はじめにご忠告申し上げる。

　本書の中で読み手が憤（いきどお）りを感じたり、不快感を覚える表現に出会ったときは、筆者の筆致（ひっち）力（りょく）[e]不足のせいであると思われる。グッと堪（こら）えて筆者が「(笑)」を省略していないか考えてみてほしい。

　本書で誰かを敵に回す意図などない。未来の日本の中高生のために書いているのだから。

この意味で日本の中高生に数学を楽しく勉強してほしいと願う人
からの本書に関するクレームは、発生するはずがない。筆者の意見
に反対で、かつ、建設的な議論を望む場合は原則公開することを条
件で受けて立つ。後ろから斬りつけてくるような姿勢の意見はご遠
慮願いたい。

　もちろん日本の中高生に数学を楽しく勉強してほしいと願わない
人とはそもそも前提が合わないので、そういう人からのクレームは
受け付けるつもりはない。あしからずご了承願いたい。

---

a 何の義務も責任もないし、スベっても誰にも迷惑をかけないのだが
b エッセー（essay）自由な形式で意見・感想などを述べた散文。随筆。随想。
　　散文とは　→　韻律や定型にとらわれない通常の文章。⇔韻文。
　　随筆とは　→　自己の見聞・体験・感想などを、筆に任せて自由な形式
　　　　　　　　　で書いた文章。随想。エッセー。
c シニカル（cynical）皮肉な態度をとるさま。冷笑的。嘲笑的。シニック。
d 自分の能力を優れたものとして誇る気持ち。自負。プライド。
e 書画や文章の書きぶり。筆のおもむき。筆つき。

以上、すべて【大辞泉】[2]

　本書は、誤訳の問題に関して、ひとつの極端な提案をしている。
　「正解」と呼ばれるものがあるとするならば、「現状と『極端』の間」で
あろう。

　では、本編をはじめよう。

目次

はじめに		iii
1	現役の生徒へ（中 1〜）	iv
2	現役の先生方へ	v
3	日本の数学教育の責任	v
4	本書を読む時の注意	ix
	雑談：「（笑）」は使わない	xxi

第 1 章	誤訳の責任	3
1	有理数に理は有るか（中 3〜）	3
2	無理数は、どこが無理なのか（中 3〜）	9
	雑談：おとぎ話	17
3	虚数はどこが虚しいのか（高 2〜）	19
	雑談：アラビア数字と漢数字	24
4	複素数と素数の関係（高 2〜）	26
5	用語の整理 1（【数の拡張】編）	29
	雑談：はひふへほ	31

第 2 章	やや専門的な話〜その 1〜	37
1	絶対値は「絶対の値」ではない	37
2	整数部分は「整数の部分」ではない（高 1〜）	40
	雑談：宇宙人に連れて行かれた話	42
3	相反方程式は英語圏で学びたい（高 2〜）	43
4	級数は「級の数」としか読めない（高 3〜）	45
5	効果的な学習に向けての提言	48
	雑談：漢字の相性	50

第 3 章	漢字の意味を無視せよ	51
0	「当用漢字」と「常用漢字」	51
1	関数は「関わる数」ではない（中 1〜）	54

| | | 雑談：丙午（ひのえうま） | 58 |

	2	放物線は「物」を「放」つ「線」か（中3〜）	61
	3	降べき、昇べき、方べきの罪（高1〜）	63
		3.1　降べきの順、昇べきの順	63
		3.2　方べき	66
		雑談：キロキロと。。。	67
	4	背理法は「理」に「背く」のか（高1〜）	69
	5	「共役」の読み方（高2〜）	72
		雑談：「discover」は「発見」である	74

第4章　風格と起源　77

1　幾何学と代数学の風格（中2〜）　77
　1.1　幾何学　77
　1.2　代数学　78
　　雑談：三日月　84
2　法線の起源（高3〜）　85
3　用語の整理2（【中国語語源】編）　88
　　雑談：思われたら負け　91

第5章　具体的提言　95

1　素数（中1〜）　95
　1.1　素数の定義　95
　1.2　約数の個数による分類　96
　　雑談：割り箸の恩　98
2　素因数分解と因数分解（中3〜）　100
　2.1　素因数分解　100
　2.2　因数と因数分解　102
　　雑談：下駄箱　105
3　平方根（中3〜）　108
　3.1　「平方根」の意味　108
　3.2　解か、根か　111
　　雑談：誕生日のことは、覚えていますか？　114

第6章　やや専門的な話〜その2〜　117

1　三角比と公式（高1〜）　117
　　雑談：三角関数の教え方日本一　121
2　交換・結合法則および分配法則　124
　　雑談：昔の教科書　128
3　ベクトルの成分の表現　129

		雑談：激論	. . . .	131
	4	数学的帰納法（高 2〜）	. . . .	134
		雑談：あるある	. . . .	137
	5	「スカラー」と「ノルム」（高 3〜）	. . . .	140
	6	速度・加速度（高 3〜）	. . . .	143
		雑談：はひふへほ 2	. . . .	147

第 7 章		**さあ、数学を始めよう**		**151**
	1	教科書の「はじめに」とは（高 1〜）	. . . .	151
	2	若い先生方へ	. . . .	163
		雑談：父の背中とジュースの量		166
	3	実は改善されている	. . . .	167
		雑談：100 ％	. . . .	171

付録 A		**「完璧」はなぜ「完ぺき」と書くのか**		**173**
	1	「当用漢字」と「常用漢字」について	. . . .	173

付録 B		**昭和 29 年、文部省の決定**		**177**
	1	学術用語集・数学編	. . . .	177

参考文献	**185**

おわりに	**187**

第1章

誤訳の責任

　では、本書の最大の目的である「無理数はどこが無理なのか」について、初めに明らかにしておこう。それにはまず、「有理数」という用語が「誤訳」であるという事実からスタートしなくてはならない。[*1]

1　有理数に理は有るか（中3〜）

　筆者は1989（平成元）年から約30年間、高等学校で数学の教員として教壇に立ってきた。生徒たちのために日々授業の研究を行ってきたことはもちろんだが、一方で大人たちの数学に対する反応にも悩まされてきた。

　もし、日本の全地方、全年齢層に、均等に、ネットを使わずに[*2]

　　　「あなたは中学・高校時代、数学が好き、または得意でしたか。」

というアンケートを行えば、国民の何割が数学を「好き、得意」と答えると予想されるだろうか。
　筆者の予想ではおそらく否定的な意見が多くを占めると思う。
　どうだろう。あなたは数学の先生がそんなことを言うのはけしからんと思われるだろうか。

[*1] 「はじめに」の繰り返しになるが、このことに気づき、声を挙げ、改正を叫んでいた先人は数多く存在する。先人の名誉のために記しておくが、筆者が初めに気づき、訴えたのではない。多くの訴えがあるのに変わらないことへの危機感を世間に伝えるためにあらゆる批判を甘受する覚悟で筆を執る次第である。筆者のこの覚悟は、のちに調べてわかった22ページの中川將行の覚悟と奇しくも符合していた。

[*2] インターネットで行ったアンケート、などをときに見かけるが、コンピュータを使えない人やネットのアンケートに興味のない人を外したアンケートが、何か有効な結果を与えるのか少々疑問である。

ではもっと突っ込んで、更に具体的なアンケート、いや、口頭で簡単にでよいから「試験」を行ってみればどうだろう。何ならテレビの企画で渋谷や梅田にでも行って街頭インタビューをしてもらうのが一番よい。

「有理数とはなんですか。口で簡単に説明して下さい。」

この質問、いや「口頭試問*3」に「正解」を答えられる人は全国民の何割だろうか。5割を超えると思われるだろうか。

筆者は、

「数学！？　いやいや、勘弁して。」
「俺、私立文系やったし！」
「エェー、ごめんごめん、知らん知らん！！」

の類の答えがほとんどであろうと予測する。この企画をテレビで実施すればすぐに証明されるだろう。

全く自信のない人はとりあえず

「理の有る数？」

と口にするかもしれない。*4

あなたの予想はどうだろう。

これは、誤訳の問題を放置してきた日本の中高の数学教育の敗北であると断ずるとともに、同時に、誤訳の問題をなんとかしなければ今後もおそらく続く傾向であろうことを予言する。

筆者は、全国民の7割以上に「数学が好きだ、得意だ」と答えて欲しいとは望んでいない。いや、最終的には8割以上を目標とすることは理想だが、まず一旦措く。

それよりもまずなんとかしなくてはいけないのが

---

*3　「口答試問」は間違いである。よく間違えるので中高生は注意。
*4　　もしそんな人がいたとしたら xii ページの仮説

仮説

日本では、
- 初めて目にした言葉はまず、「漢字」とその「読み」で理解しようと努める人がほとんどである。
- 一度聞いたはずの言葉の意味を忘れてしまったときは、やはり「漢字」とその「読み」を用いて思い出そうとする人がほとんどである。

の2つ目が正しいことの証拠だ。

1 有理数に理は有るか（中3〜） 5

「有理数とはなんですか。口で簡単に説明して下さい。」

という質問に全国民のほぼ100%が答えられるようにすることである。

実はこれは簡単に実現できる。

「なんという無茶を言うのだ」

と感じる人はぜひこのあとの本文を読んでいただきたい。決して無茶ではないことをご納得いただけるはずである。

ちなみに、高校の教科書では次のように定義されている。

（A 社）

整数 m と 0 でない整数 n を用いて分数 $\dfrac{m}{n}$ の形に表される数を**有理数**という。

他社もほぼ同じ表現をしているので省略する。

つまり、これが先の質問の「正解」であるが、もう少し砕けた言い方、正確性を欠く言い方を許すなら、

「分数」

と答えられた人は「一応、正解である」と言ってよいだろう。[*5]

どうです？　答えられましたか。

♡　　♡　　♡　　♡　　♡　　♡　　♡

[*5] 例えば $\dfrac{\sqrt{3}}{2}$ は分数であるが有理数ではない。

さて、歴史の上では明治の初めに【東京数学会社】により西洋の数学用語を「翻訳」する会議が開かれたという記録がある。

ここで少し、今後のために予備知識を二つ、紹介しておく。

【東京数学会社】

　日本で最初に設立された学会で、日本数学会の前身。1877 年 9 月，神田孝平の提案により日本中の数学者が一堂に会して発足した学会である。初代の総代は神田孝平と柳楢悦で，後に岡本則録が社長となる。77 年 11 月から機関誌《東京数学会社雑誌》を刊行する。——（中略）——

　大きな業績としては数学用語の統一に力があった。——（後略）——

【『世界大百科事典 改訂新版』，平凡社刊,2007 年】[5]

1877 年は明治 10 年である。

明治 10 年の 1 月、日本で最後の内戦、西南戦争があった。といえば意外に感じるだろうか。そういう世情の中で、数学用語は議論されていたのである。「会社」といっても、現在の会社とは違う概念である。「委員会」みたいなイメージだろうか。ここで議論されたことが機関誌《東京数学会社雑誌》に連載されて記録され、最終的に【SŪGAKU　YAKUGO】にまとめられた。明治 19 年までかかったことになる。

【SŪGAKU　YAKUGO】

　明治 10 年に創立された東京数学会社は数学用語訳語会を設置して、数学用語の訳を審議し、その結果は SŪGAKU　YAKUGO としてまとめられた（明治 19 年）。[a]

---

[a] 【『藤沢利喜太郎’数学ニ用キル辞ノ英和対訳字書”について』，山口清著，九州 産業大学国際文化学部紀要第 11 号, 1998 年】[32]

しかしこのとき、すべての用語を完全な日本語に翻訳できたわけではなかった。——そう、いくつかの「誤訳」が生まれたのである。

1 有理数に理は有るか（中3〜）

有理数は英語で「rational number」という。

いや、この表現は正確ではない。これは、今我々が「有理数」という言葉を持っているから、「有理数」は英語でどういうのか、という発想になるのだが、明治の先生方は初めて接した英語の用語と、その意味を考えて、これをどう訳すか、ということで、侃侃諤諤*6の議論を行ったのである。

したがって、いま、我々は初めてこの「rational number」という単語を目にした、と考えながら、この単語をどう訳すのが適当かについて考えてみる。【英和辞典】[3] で「rational」を引くと、

> 1番目に「理性をもった、理性的な」、
> 2番目に「理性の、理性に関する、理性に基づく；合理的な」

という訳が出てくる。*7

これまで出版されたほとんどの本には、

> 明治の先生方が、この「**理**」という語につられて、「rational number」という語を「有理数」と訳してしまった

と書かれている。そもそも、「rational number」の「rational」は、「ratio（比）」の派生語なのであって、本来は「有比数」あるいは「可比数」とでも訳すべき単語なのであるのに、誤訳してしまったというのが一般的な説である。筆者も同感で、賛成である。

> 一方で、「有理数」は誤訳ではないという意見もあり、中にはピタゴラス*8 を擁護するものがある。
>
> 当時、「万物は数である」、すなわち「全ての数は自然数の比の値（分数）で表すことができる」というのがピタゴラス教団の教義であったのに、三平方の定理（ピタゴラスの定理）によって「分数では表せない数がある」ことを発見した弟子がいたらしい。
>
> この弟子は「謎の溺死」を遂げたなどという伝説もあるが、ピタゴラスにとってこの「分数では表せない数」はそれほど「認めたくない数」であったのかもしれない。
>
> しかし、発見の順序としては有理数が先であったはずである。
>
> 無理数はそのあとで「不合理」として発見されたというが、無理数が発見される前の段階で、つまりピタゴラスにとって「不合理な数」が現れる前の段階で「rational」を「合理的な数（理の有る数）」と名付けるはずがない。やはり「比で表せる」という意味で「rational」は使用されたはずである。

「他教科の勉強」や「クラブ活動」、「恋」や「ゲーム」に忙しい、青春真っ只中の中高生に求めることは酷であるが、意欲ある中高生は、関係書籍から次のような「声」を目にすることもできるだろう。

---

*6 正しいと思うことを堂々と主張するさま。また、盛んに議論するさま。【大辞泉】[2]

*7 3番目に「有理の」が出てくるが、「これが誤訳である」というのが筆者の主張である。

*8 （Pythagoras）[前 570 ころ〜前 496 ころ] 古代ギリシアの哲学者・数学者・宗教家　　　　　　　　　　　　　　　　　　　　　　　　　　　　　　　【大辞泉】[2]

- 二階建ての記号により、$\dfrac{整数}{自然数}$ の形を持つ数を「有理数（rational number)」と名づけよう。——（**中略**)——先の様に定義された数が、何故に有理数——"理のある数"——などと呼ばれるのか、この点に関して一言触れておこう。この謎はその英語名「rational number」を調べれば解る。「rational」を辞書で引くと、確かに理性的とか合理的とかいった訳語が目に入るが、名詞である「ratio」を調べると、「比、割合」と書いてある。これで諸君も謎が解けたであろう。記述の如く、有理数は分数の形で書ける。即ち、二つの数の比を表すものであるから、本来、「有比数」とでも翻訳されるのが、その定義からして適当だったと云える。この意味で、有理数は誤訳なのである。
  - 話題：明治維新と英語
    * 然し、我々はこの翻訳に感謝こそすれ、兎や角批判し得る立場にはない。「明治維新」後の我が国の欧化政策は、国の存亡を掛けた危急のものであった。そこで、一刻も早く鎖国時代の穴を埋めんが為に、あらゆる分野の俊才を海外に留学させた。彼らは、思想書から末端の技術解説書に至るまで、一気呵成に翻訳しそれを吸収することに命を捧げたのである。従って、誤訳の問題は、我々に残された宿題と見るべきであろう。
      【『虚数の情緒』，吉田武著，東海出版刊，2000 年】[19]
- 有理数は2つの整数の比として分数で表される。有比数というのが本当らしいが、最初の訳語がまずかった。
  【『素数入門』，芹沢昭三著，ブルーバックス刊，2002 年】[21]
- 有理数（rational number）で、rational を「理性のある」と訳したのは誤訳であるという数学者もいる。私は生徒が問題を解けるようになって欲しいと願う一点において「整数の比（ratio）で表された数」という直接的なニュアンスが失われていることが悲しい。解法を示唆する「整比数」と訳すべきであった。
  【『入試数学伝説の良問』，安田亨著，ブルーバックス刊，2003 年】[22]
- 有理数は英語で rational number と呼ばれる。ratio というのはもともと「比」を表す言葉で、 rational number というのは、整数の「比」で表される数という意味である。したがって rational number は「有比数」と訳した方が良いという考えもある。
  【『なっとくする無限の話』，玉野研一著，講談社刊，2004 年】[23]

歴史を紐解けば、

→【東京数学会社雑誌 第 41 号】では
　(147)Rational root　の邦訳は「可盡根數」となっている。

→【SŪGAKU YAKUGO】では

Rational root の邦訳は「有盡根數」となっている。
（有 尽 根 数）

ことが確認できる。

有限小数と循環小数を「限りある小数」と見たのかもしれない。

どうしても「有理数」でなければならなかった理由はない。

ただ、議論の中で、多数決で、「有理数」になってしまった。これは仕方ない。誰かが、どこかのタイミングで、何らかの「答」を出さなければ、いつまで経っても用語が定まらず、その間、多方面に迷惑がかかることは必至*9であるのだから。

2 無理数は、どこが無理なのか（中3〜）

結局、この「有理数」という言葉のおかげで、「irrational number」の訳まで誤った方向に導かれてしまった。そしてそれは、「有理数」という訳がもたらした「悪影響」とは比較にならない「悪影響」を生み出すに至ったのだ。

英語では、ある言葉の反対のこと、あるいはある言葉が意味する集合の補集合*10のことを表すのに「ir」とか「in」などの接頭語を付けて表すことがある。例えば

「regular」に対して「**ir**regular」、
「dependence」に対して「**in**dependence」、
「finite（ファイナイト）」に対して「**in**finite（インフィニット）」

などがそうである。したがって、「**ir**rational number」とは「rational number」の補集合である、というのが英語の持つ意味である。

ということは、「**ir**rational number」の訳語を選定するに当たっては、

確定してしまった「有理」

の反意語を探すことになる。では、「有」の反意語は？

—— それは小学生でも「無」と答えるであろう。そんな簡単な理由で生み出された訳語、世紀の「悪役」ならぬ「悪訳」が、**「無理数」**なのである。

「飛魚」は「飛ぶ魚」であり、「丹頂鶴（たんちょうづる）」は「頭頂が丹色（にいろ）である」からそう呼ぶのである。例外はあるが、漢字は表意文字なので原則そのように解釈するようにできている。

---

*9 必ずその事がやってくること。そうなるのは避けられないこと。また、そのさま。
【大辞泉】[2]

*10 「補集合」を未修の生徒へ：たとえば A 高校の生徒全員を全体集合とするとき、「1 年生の集合」に対して「2、3 年生全体の集合」を「1 年生の集合」の「補集合」という。

——これが xii ページの仮説である。（再掲しておく）

仮説

日本では、
- 初めて目にした言葉はまず、「漢字」とその「読み」で理解しようと努める人がほとんどである。
- 一度聞いたはずの言葉の意味を忘れてしまったときは、やはり「漢字」とその「読み」を用いて思い出そうとする人がほとんどである。

　当然、多くの数学用語も日本語としてのそのルールに則（のっと）っている訳で、ベストな訳語かどうかは議論があるにしても、

　　　「円周率[*11]」は「円の直径に対する円周の長さの比率」であり
　　　「三平方の定理[*12]」は「三つの平方数の関係を表した定理」

と読むことができる。そしてそれがおおよそ「名は体を表す」と言っても差し支えはない。[*13]

　多くの日本語（数学用語を含む）がそのように作られているので、その他の数学用語もこの調子で「解読」していけばよいと考える人が多いだろう。だから、「無理数」と聞けば

　　　「どの辺（あた）りが『無理』な『数』なのかな」

と考えるのは、日本語を普段使用するものにとっての**常識**なのである。
　中高生にもなればその感覚が無意識に身についているのではないか。

　　　「この無意識が結果的に数学の理解を遠ざけている」

のだ。

[*11] 半径 r の円の円周の長さを L とするとき、円周率を $\pi \equiv \dfrac{L}{2r}$ と定義する。だから「（円周の長さ）＝（直径）×3.14」は実は公式ではなく定義そのものである。161 ページに詳しく述べている。

[*12] 直角三角形の直角を挟む二辺の長さをそれぞれ a, b とし、斜辺の長さを c とするとき、$a^2 + b^2 = c^2$ が成り立つという定理。あるいは直角三角形の斜辺の上に立つ正方形の面積は、他の二辺の上に立つ正方形の面積の和に等しいという定理。

[*13] 数学の先生でも意見が分かれるのが「線分 AB の垂直二等分線」の定義である。「線分 AB の中点を通り、線分 AB に垂直な直線」は「定義でない」という話を聞いたことがあるか。まあ、意見の分かれるところである。中高生の皆さんはもう一つの定義をぜひ調べてみて、どちらがよいか考えてみよう。「∠XOY の二等分線」の定義にも似たようなことが言える。

2 無理数は、どこが無理なのか（中3〜） 　　11

　識者・学者は、ヒルベルト[*14]の主張を挙げて反論するかもしれない。ヒルベルトが、

　　　「『点、直線、平面』を『椅子、机、ビールジョッキ』[*15]と置き換え
　　　ても、幾何学が成立しないわけではない」

などと述べた、という反論だ。
　申し訳ないがそれは学者の発想であって、数学的には事実と言ってもよいと思われるが、初学者には通用しない。
　むしろ敷居を高くして初学者を遠ざけ、理解を妨げる元凶となるに違いないというのが筆者の主張である。

　中高生のために少し解説する。ヒルベルトの主張は、「点」や「直線」を「椅子」や「机」と言い換えても、数学の論理は些かの破綻もないということである。例えばユークリッド[*16]幾何学における

　　　「異なる2つの点を通る直線がただ一つ存在する」

という表現を

　　　「異なる2つの『椅子』を通る『机』がただ一つ存在する」

としても数学理論に綻びは生じないということだ。
　だから「有理数」「無理数」が「比数」「非比数」だろうが「整比数」「非整比数」だろうが構わない、という考え方である。
　これを敷衍[*17]すれば

　　　「異なる2つの点を通る直線がただ一つ存在する」

という表現を

　　　「異なる2つの『太郎』を通る『花子』がただ一つ存在する」

としても良いし、

　　　「異なる2つの『〇』を通る『△』がただ一つ存在する」

としても

　　　「異なる2つの『コレ』を通る『アレ』がただ一つ存在する」

としても良いことになる。

---

*14　（David Hilbert）［1862 - 1943］ドイツの数学者。　　　　　　　　【大辞泉】[2]
*15　書籍によって点、直線、平面との対応の順序が違ったり、表現（『線』『面』『ビール
　　　コップ』など）が違ったりする。訳語の問題だろう。
*16　（Euclid）［前330ころ〜前260ころ］ギリシアの数学者。　　　　　【大辞泉】[2]
*17　意味・趣旨をおし広げて説明すること。例などをあげて、くわしく説明すること。【大辞泉】[2]

冗談じゃない。寝言は寝てから言ってくれ。[18]

小平邦彦[19]が先の「ヒルベルトの言葉を利用した反論」に反対だったという説もあるが、もし本当なら筆者の力強い味方である。

まさか

「明治の大先生が行った邦訳に誤訳などあるはずがない」

と思っている人は少ないだろうが、

「明治の大先生の邦訳に手をつけてはならない」

という「無批判」な「先入観」に縛られ、それを金科玉条[20]として抜け出せないということはあるのかもしれない。日本のお家芸、「忖度」である。

なので、「無理数はどこが無理か」という質問を受けた場合に、次のような説明を展開してしまう人もある。

- 「無理数」とは、あることが「無理」な数という意味に気が付けば、この質問の答えは「分数で表す」であることがすぐにお分かりと思います。

  ── (中略) ──

  「整数の比すなわち分数に直すことができる数が有理数、分数に直すことができない（無理な）数が無理数」というわけです。
  【『自然にひそむ数学』，佐藤修一著，ブルーバックス刊，1998 年】[25]
  （圏点引用者）

これは明らかに「無理数」が正しい訳語であるという前提からスタートした説明である。

もし「irrational number」が「非比数[21]」と正しく（？）訳されていた場合、上の質問と答えは

「非比数はどこが無理なんですか？」
「分数に直すことが無理な数だから非比数というのです」

となるのである。質問も答えもいかに滑稽かわかるだろう。それ以前に、はじめから「irrational number」が「非比数」と正しく（？）訳されていた場合、

「非比数はどこが無理か」

---

[18] vi ページ（♠）参照。非常識で攻撃的な表現をご容赦願いたい。

[19] こだいら‐くにひこ【小平邦彦】［1915 〜 1997］数学者。東京の生まれ。米国に留学滞在し、調和積分論の研究などで有名。文化勲章受章。　【大辞泉】[2]

[20] 最も大切な法律・規則。絶対的なよりどころとなるもの。　【大辞泉】[2]

[21] 「非比数」は一つの例。これがよいかどうかは後の世代が決めればよい。

2　無理数は、どこが無理なのか（中3〜）

という質問はそもそも出てくるはずがない。

- 「分数はどこが無理か」
- 「整数はどこが無理か」
- 「実数はどこが無理か」

が出てこないのと同じで、元の用語に「無理」が入っていないのに、「どこが無理か」という疑問が湧いてくるはずがない。

　　　「無理」が含まれた用語だから出てくる質問なのだ。

　先のような「無理数の説明」自体が、「無理」なのである。誤訳が招いた悲しい説明であるとともに、教壇でこのような説明をしている先生方がおられはしないかと、日々、気が気でない。

「はじめに」の中の iv ページの質問。

　　　「無理数って、どこが無理なんですか？」

の答はもう分かっただろう。

　　　「何も無理なところはない」

である。

　「残念ながら」、「情けないことに」、この事実が国民の常識になっていない。「小野妹子は男性である」が国民の常識になっているのに、「無理数のどこにも無理はない」は国民の常識になっていない。

　中学・高校の数学の先生が「無理数のどこにも無理はない」ことを説明していないからではないか。

　　　　有理数でないものを「無理数」という、覚えなさい

としか言っていないのではないか。国民に定着していない事実がある（筆者の主観です）のだから、言い訳はできない。
　では、日本の中学・高校の数学の先生方はそんなに「無能」なのか。仕事ができないのか。
　やるべき仕事をせず、伝えるべきことを生徒に伝えていないのか。
　当然、そんな訳はない。「無理」という言葉が原因なのだ。

> 「無理数のどこにも無理はない」が国民の常識になっていない
> 原因は、「無理数が誤訳である」ことにある

のである。

「無理数」は「有理数」から出てきた「**創られた日本語**」である。

「irrational number」は、もし有理数が「有比数」、「比数」などと訳されていたならば「無比数」か「非比数」であったはずであり、有理数が「可比数」「整比数」となっていたならば「非可比数」「非整比数」あたりになっていたはずである。

- 無理数というと字づらから無理な数のように感じ、有理数というと理にかなった数のように感じる人もいるかもしれない。字づらからその本質を律しようというのは間違いであるが、有理、無理というコトバを選んだのはあまり感心できない。これはむしろ有比数、無比数と呼ぶべきであったろう。――（**中略**）――有理、無理というコトバのかもす無用の感じを生じさせないですむだろうからである。

  【『自然数から実数まで』，笠原章郎著，サイエンス社刊，1983 年】[28]
  （圏点引用者）

実際、「無比」と訳した人もある。

- 樋口五六（藤次郎、明治 7 年に 21 歳）という明治の数学者は、明治 22 年 1 月発行の『数理之友』という雑誌の『代数の講義』で irrational equation を無比方程式と訳しています。つまり irrational を無比と訳しているわけです。また、世界的に有名な高木貞治（1875 〜 1960）という明治の数学者は無理数より無比数の方がよかったと話しています。

  しかし、いまさら改めることは困難だと思います。
  【『数学用語と記号　ものがたり』，片野善一郎著，裳華房刊，2003 年】[17]*22
  （圏点引用者）

笠原は、「有比数、無比数と呼ぶべきであったろう。」と書いた。

高木貞治*23 は「無比数の方がよかった」と主張していた。

---

*22　片野 善一郎（かたの ぜんいちろう）

　　1925 年 東京都出身．東京物理学校（現 東京理科大学）高等師範科数学部卒業．元富士短期大学教授（専門は数学史，数学教育史，科学史）

　　　　　　　　　　　　　　　　＜ 2003 年 8 月 25 日第 1 版の著者略歴より抜粋＞

*23　たかぎ‐ていじ【高木貞治】［1875 〜 1960］数学者。岐阜の生まれ。東大教授。代数学における類体論を研究、日本の数学が国際的に認められる基礎を築いた。著「解析概論」「代数的整数論」など。　　　　　　　　　　　　　　　　【大辞泉】[2]

2 無理数は、どこが無理なのか（中3〜） **15**

片野は「いまさら改めることは困難だと思います。」と言う。
僭越ながら筆者の主張は、

「困難を打破して断行すべき」「今からでも改めよう」

である。

♡　　♡　　♡　　♡　　♡　　♡　　♡

筆者は訴えたい。
用語は変えられるし、その実績、実例もある。
大切なのは

「未来の中高生が日本語で数学を学ぶときに、数学的な本質的な内容以外で悩まないこと」

ではないのか。
　今、我々が素直に間違いを正し、「有理数」を改めれば、それに伴って今後は「irrational number」は「無理数」とは呼ばれなくなるのである。

　今こそ、5 ページの答えを言おう。もし、有理数が「可比数」「整比数」となっていたならばこの質問は

「可比数とはなんですか。口で簡単に説明して下さい。」
「整比数とはなんですか。口で簡単に説明して下さい。」

となるのである。それぞれ、

「比」で表すことが「可能」である「数」
「整」数の「比」で表すことができる「数」

と答えることができれば、それはほぼ「分数」と言っているのと同じで、「有理数」の概念をほぼ正しく表現したことになる。漢字の読める大人で、こう答えられない人が全国民の 8 割を切るだろうか。それとも、意外と答えられないものなのだろうか。
　今後、学校できちんと教えれば、在学中に正しく答えることができる人が増え、10 年も経てば社会人のうち若い人を中心に正答率が上がっていく。すでに学校を卒業した大人でも一度漢字を目にして、その意味を耳にしたことがあれば答えられる人が増えるだろう。
　これが

「有理数とはなんですか。口で簡単に説明して下さい。」

という質問に

「全国民のほぼ 100 ％が答えられるようになる」

という主張の根拠である。

　筆者が和歌山で主張した 2007 年にもし一斉に変わっていれば、すでに 15 年以上の時が経っている。もはや、現在の中学 3 年生の「常識」になっていたはずである。
　遅きに失した感はあるが、未来の中高生のことを考えれば今からでも遅くはない。50 年後、100 年後の中高生に迷惑をかけてはならない。将来生まれてくるあなたの子や孫、曾孫に、本質的な内容以外のところで数学の苦労をさせたいのか。

　そのためには、現在の中高生の皆さんの協力が必要である。
　全国の中高生全員が本書を購入し、該当ページに指を挟んで束になって中学・高校の数学の先生方のところへ持っていき、
　　「無理数はどこが無理なんですか。」
と訴えることである。夜になって通っている塾へ行ったら束になって塾の数学の先生方のところへ持っていき、
　　「無理数はどこが無理なんですか。」
と訴えることである。

　これを全国のムーブメントにして、日本の中学・高校の数学の先生方の意識を変えるのだ！
　日本の未来のためだ。
　未来のために令和の中高生の力が必要なのだ。

　　安政 5 (1858) 年のコレラ流行に際し、緒方洪庵*24 は、不眠不休で洋書からコレラの症状や対処法を 5、6 日でまとめ、『虎狼痢治準』として緊急出版し、知人・門人に配布した。これは、他の医師たちに直ちに配布してコレラ対策に役立ててもらうことを目的としていたための急ごしらえであったことから、少なからぬ間違いがあったそうである。しかしこの粗漏*25 さが洪庵の名を汚すことを危惧した武谷椋亭*26 が、あえて非難の手紙を送ったところ、洪庵は自らの非を素直に認め、ま

---

*24　おがた‐こうあん【緒方洪庵】［1810〜1863］江戸後期の蘭学者・医者・教育者。備中の人。名は章。江戸・長崎で医学を学び、医業のかたわら蘭学塾（適塾）を開いて青年を教育。種痘の普及にも尽力し、日本における西洋医学の基礎を築いた。
　　　　　　　　　　　　　　　　　　　　　　　　　　　　　　　　【大辞泉】[2]

*25　おおざっぱで、手落ちがあること。また、そのさま。　　　　　　【大辞泉】[2]

*26　たけや‐りょうてい【武谷椋亭】医師である父・元立のもと西洋医学を志し、日田の咸宜園で学んだ後、天保 14 年（1843）に適塾に入門。帰郷後は種痘の普及に尽力。
　　　　　　　　　　　　　　　　　　　　【九州大学附属図書館 HP】引用者一部改訂。

2 無理数は、どこが無理なのか（中3〜） 17

もなく改訂版を刊行している。

　多くの患者を前に、持てる知識・労力を注いだ洪庵の姿勢、師であっても学問的に厳しく批判する椋亭の精神、いずれもが評価されるべきものである。

　洪庵の深い知識と高い能力、医学に対する熱い思いと迅速な行動力はもちろんだが、自身の誤りを直ちに認め、修正する謙虚さに感服する。

　適塾はのちに大阪大学となる。大阪大学には緒方洪庵の「人のため、世のため、道のため」という精神と大阪府民の学問への思いが受け継がれているという[*27]が、本書が「現代の武谷椋亭」となり、文科省が洪庵に倣って謙虚に、そして速やかに、数学用語の改正を実行してくれることを願うばかりである。

安政5年は「武谷椋亭」、令和5年（本稿執筆時）は「みちはた公司」、日本の歴史教科書に書き加えるべきである。

　　　　　　　【令和2年度適塾特別展示　緒方洪庵と武谷椋亭　パンフレットより】

　　　　　　　　　　　（圏点引用者、また引用者により一部改訂、要約）

Coffee Break

雑談：おとぎ話

　昔々、ある国の海に、胸鰭が発達し、海上をまるで鳥のように、数百メートルも飛び続けることができる魚がいた。これを見つけた漁師は現地の言葉で「飛ぶ魚」という名前をつけた。しかし、現地の「飛ぶ」という言葉は一方で「登る」という意味も持っていた。

　明治初期に、多くの魚や貝の名前を邦訳[a]する必要が生じ、当時の偉い先生方が本業と並行しながら邦訳に挑んでくれた。その作業の中で、「飛ぶ」という意味の原語がたまたま持っていた「登る」というもう一つの意味に引っ張られて「飛ぶ魚」を「登魚」と「誤訳」してしまった。以来、100年以上にわたって、「飛ぶ魚」が日本では「登魚」と呼ばれ続ける事態になってしまった。

　このため、初めて魚屋で「登魚」を目にした多くの人は、塩焼きにすればとてもおいしいこの魚のことを「どこかへ登ることのできる魚」だと勘違いしていた。名前が「登魚」だったからだ。しかし、焼いて食べる分にはなんの問題もないので、多くの人は特に気にせず、気にも留めずにおいしく食べていた。

　日本では、これまでの間に、「その体の特徴を正しく観察した人たち」がいて、

　　　　「この魚はどこに登ることができるのか」

[*27]【大阪大学HP】

と魚屋に聞くと、魚屋は、

　　「知らない、聞いたことがない」
　　「昔の人がそう決めた。」
　　「とにかく登る魚なのです。」
　　「焼いて食べたら、天にも昇る気持ちになる魚なのです。」

　などと説明する始末。のちに研究者たちが文献を詳しく調べてみると、

　　「あれ、この魚は海上を飛ぶことができるみたいだぞ。」
　　「『登魚』の語源は「飛ぶ魚」じゃないか。」

ということに気づいた。彼らは

　　「えー、じゃあ、『飛魚』と改名すればよいのに。俺はそう思うな。まあ、しかし、これまでそう呼ばれてきたものを今更変えるわけにもいかないか。いろいろ混乱も生むからな。次の世代の宿題かな。」

と呟（つぶや）いただけで終わった。

　しかし、長らく続いたこういった現状を嘆いた男がいた。魚を愛し、漁業を愛し、海を愛したこの男が声を上げた。
　「明治の誤訳について今更とやかく責めるものではない。むしろ当時の状況を勘案すれば本当によくやっていただいたと感謝し、先生方をリスペクトする。しかし、実態に合わないものをいつまでも放置し続けるのはのちの世代にとっては好ましいことではない。実態を正しく表した『飛魚』にその名称を改めるべきではないか。」

　この男の忠告を無視したため、日本ではこの後100年以上経っても「この魚はどこに登ることができるのか」という質問、疑問はなくならなかったとさ。　　　──おしまい。めでたしめでたし。

　日本の中高生、そして、日本の数学の先生方に聞く。
　あなたは『次の世代の宿題』と呟くだけで終わるか。それともこの先100年を見据え、この男を支持するか。

　　この物語はフィクションです。実在の人物や団体などとは関係ありません。

―――――――――
　　ª 外国語で書かれた文章を日本語に訳すこと。また、訳したもの。和訳。
【大辞泉】[2]

3 虚数はどこが虚しいのか（高2〜）

　教科書の記述を見てみる。ここでは「虚数」より先に教科書に現れる「虚数単位」の登場シーンを紹介する。
　どの会社も同じようなものなので（E 社）のみ紹介する。

（E 社）

　2 乗すると −1 になる”新しい数”を考える。それはこれまでの数とは異なるから、特別な記号 i で表し、**虚数単位**と呼ぶ。
　すなわち　　　　$i^2 = -1$

♡　　♡　　♡　　♡　　♡　　♡　　♡

　　　「虚しい数？」

これが高校時代に初めて虚数という文字を目にしたときの筆者の第一印象であった。みんな、そうだったのではないか。
　そうでない印象、感想を抱いた人は果たしてあったのか。
xii ページの

　　　　　　　　　　　　　　　　　　　　　　　　　　　　　仮説

　日本では、

　● 初めて目にした言葉はまず、「漢字」とその「読み」で理解しようと努める人がほとんどである。

　● 一度聞いたはずの言葉の意味を忘れてしまったときは、やはり「漢字」とその「読み」を用いて思い出そうとする人がほとんどである。

が正しければ、「虚数」と聞けば漢字圏の我々はまず、そう考えてしまうのではないだろうか。これは日本語を母国語とするほとんどの人がそう感じるはずである。
　「虚しい数」は虚数の実態を正しく表していない。

　　　昔、他教科の同僚男性教員が、贔屓（ひいき）のプロ野球チームが大敗したときに
　　　　「何や、昨日の〇〇選手は。4 回の攻撃。あれはないやろ。どっちかというと
　　　負の力が働いとるで。最後は〇〇投手がホームランを献上して惨敗や。〇〇投
　　　手に至っては、負どころやない、虚数やな。ははは。」
　　　などとボヤいていた。
　　　この場合は数の概念がどうとかではなく、選手を卑下（ひげ）[*28]するために「負」よりも

[*28] いやしめて見下すこと。また、そのさま。　　　　　　　　　【大辞泉】[2]

強いマイナスワード「虚」を持ってきただけだと思うが、「たとえ話」として出すにしても、虚数に対してあまりに失礼な話、ひどい仕打ちである。要するに

「(虚数のイメージ) ＜ (負のイメージ)」*29

という評価が彼の頭にはあったのだろう。虚数がもし「想数」や「高次元数」などであったなら、彼はこういう表現をしただろうか。

漢字に引っ張られているのである。こういうのも言霊というのかもしれない。

先人だって、皆、同じように感じている。

- 西洋ではルートの中が負になるこの数を imaginary number と呼び、もともと想像上のとか理想上のとかいった意味であったが、日本語に訳されるときに「虚」になってしまった。

  日本ではその漢字でイメージが固定化されて、時々都合が悪いことになる。

  「嘘の数の勉強をしてもどうしようもないじゃないか」と最近の生徒達はなかなか手厳しい。

  【『なっとくする数学記号』，黒木哲徳著，講談社刊，2001 年】[24]

- $(\sqrt{-3})^2 = -3$ のように平方して負数になる数を虚数といいますが、虚数の虚というのは虚無、空虚、虚言などのように"中身がない、空っぽ、嘘"などの意味ですから、虚数は中身のない空っぽの数、嘘の数というわけです。虚数は英語の imaginary number の訳語です。

  ── (中略) ──

  虚数よりは想像数の方がよかったかもしれません。

  ── (中略) ──

  しかし、2 乗して負の数になる数というのは想像もできないし、視覚的にも表すことができなかったのです。ですから虚数は最初は impossible number つまり"不可能な数"とも呼ばれていました。

  【『数学用語と記号　ものがたり』，片野善一郎著，裳華房刊，2003 年】[17]

  (圏点引用者)

「虚数」が、「imaginary number」の訳であることは有名である。しかし、なぜ「imaginary」が「虚しい」に訳されたのかを考えたことはあるだろうか。片野も感じているように、そして多くの人が感じるように、「想像数」と訳すのが自然であるはずのこの数が、なぜ「虚数」になってしまったのか。

片野によると

- ところで imaginary number を虚数と訳したのは中国数学書です。傅蘭雅、華蘅芳の『代数術』(1873 年) には、虚数、虚根、実数、

---

*29 高校で学ぶが、虚数に大小関係はない。これは衝撃を持って受け止めなければならない「新しい数」のルールである。高校には、大小関係のない「数」があるのだ。

3 虚数はどこが虚しいのか（高2〜）

実根といった用語が使われています。東京数学会社の訳語会では impossible or imaginary quontity を虚数と訳しています。*30
【『数学用語と記号　ものがたり』，片野善一郎著，裳華房刊，2003年】[17]

ということなので、モトは中国の発想のようである。中国の訳語をそのまま日本でも採用する例は多くあるが、ここで注意したいのは英語から中国語に訳したときに「音を拾っただけ」なのか「漢字の意味を込めたもの」なのか、である。（英語から中国語に翻訳する際にどういうことが起こるか。54ページで詳しく述べている。）

【中日辞典】[7] で「虚」を調べてみると、発音は「Xū」（シー、に似た発音）であるので発音から漢字を選択したとは考えにくい。また、「虚」という字に「想像上の」という意味は読み取れない。

したがって「imaginary number」を中国語に訳す際に「想像数」という意味を込めたとは言えない。ということは実数の「実」に対する反意語として「虚」を選択した可能性の方が高いと考える。「虚」には中国でも「むなしい」という意味があるので、もしかしたら中国でも同じようなことが起こっているかもしれないが本書では触れない。

日本では特に漢字を訓読みで読み下すことが多いので、「虚しい数」と読めたことがイメージの悪い数になってしまった原因ではないかと推測する。

- ところで、デカルトの命名「ノンブル・イマジネール」は、そのまま訳せば「想像上の数」である。「虚数」という名前の付け方に対して、「なぜ素直に想数と訳さなかったのか」と非難する人がいるが、そういうことを言うのは、この訳語を考えた人の真意を理解していない証拠である。
  ── （中略）──
  そういう先人たちの謙虚さを理解せずに、「虚数という名前がいけないのだ」などと勝手なことをいう現代人は、大いに反省するべきだと思う。
  蛇足：じつは私もはじめはそう思っていた！
  【『直観でわかる数学』，畑村洋太郎著，岩波書店刊，2004年】[26]
  （圏点引用者）

肝心な部分を──（中略）──とするとは、というお叱りを受けることは重々承知の上で、肝心な部分をカットさせていただく。それは、「そんなことは今更どうでもよい」からだ。

---

*30 【東京数学会社雑誌第 49 号】 (53) Impossible or Imaginary quantity 、平岡道生草案「不當根數 虚根數」を澤田吾一が「 虚數」と修正提案、長澤亀之助が賛成、多数決で「虚數」に決定、となっている。

第一、畑村自身も「じつは私もはじめはそう思っていた！」と言う。深く勉強して事情を理解しない限りは、「ほとんどの人はそう思う」ことの証左ではないか。[*31]

　　　　大切なのは「不要な誤解のなくなっていく日本の数学教育」ではないのか。

だったら、初めから「真意を理解」することなどは学者に任せ、初学者および一般の大人たちに不要な誤解を招かないように用語改正を優先すべきである。

　数学の研究を続ける学者ならばいざ知らず、今問題にしているのは初学者の中高生である。未来を担う子供たちである。畑村のような大先生でも

1. 「はじめは誤解」し
2. 自身で研究した結果、「先人たちの謙虚さを理解」するに至り
3. 「勝手なことをいう現代人は、大いに反省するべき」という結論に達する

という複雑な事情のある「虚数」という訳語を、「訳語を考えた人の真意を理解していない」という理由で守り続けることの意味はもはやない。もうたくさんだ。こういう誤解による苦しみをもう次の世代に残すべきではない。

　明治の先人たちも、自分たちへの忖度を盾にして現代の中高生の学習意欲を削ぎ落とすことは望んでいないはずだ。

　「誰の」「どんな」意志が働いて、今まで頑なに用語の変更を拒んできたのだ。【東京数学会社雑誌 第 29 号】より中川將行の主張を筆者なりに要約してみる。

　　　　数学用語の決定にあたっては、不適当であっても名前が決まらないよりは決まる方がはるかに良い。名前がないまま、決まらないままの状態は、学問の進歩を少なからず阻害するものである。学問の進歩をさせようと思えば、用語を定めることを一大急務としなくてはならない。

　　　　訳語の選定に長らく時間を要するようであれば、数学者及び研究者たちはがっかりするだろう。この数学会社設立後、訳語の問題について声を上げる人は私だけではなかったが、今日まで選定が行われていない。私が思い余って奮然し、「結局不要な議論であったという謗りを甘んじて受けよう」との思いで、自ら進んで草案作成の作業を負担し、ここにその端緒を開いた。このような経緯から、私は議事が延滞することをよしとせず、杞憂のあまりあえて苦言を呈

[*31] vi ページ（♠）参照。非常識で攻撃的な表現をご容赦願いたい。

3 虚数はどこが虚しいのか（高2〜）   23

する次第である。皆さん、どうか気を悪くしないで欲しい。

（ふりがな、圏点は引用者）

　原文を、筆者の拙い読解力と文章力を駆使して大鉈を振るったようなものなので、氏の主張との齟齬*32がありはしないかと汗顔の至りであるが、氏の意気を感じ取っていただければ幸いである。

　上記の中川の圏点（、を付した部分）の発言内容は、本書の目的と意向になんとなく似ているような気がする。
　何にせよ、「今更変えるのも、、、」などと言わずに再検討し、一刻も早く変更するよう、「責任のある立場の人」にお願いしたい。

　　　　　　　　　　　　　　　　　　　　　　　　　　　　── 主張3

　　用語の変更に何か問題や障碍があるのだろうか。「こんなことを心配しているのです」ということがあるなら教えて欲しい。
　　筆者が

　　　そんなことなら心配いらない。
　　　未来の中高生たちのために、日本の数学教育のために実行してやってくれ。
　　　責任なら俺がとる。（あぁ、なんてカッコいい。。。）

　　と言ったら実行してくれるのだろうか。

　この後、本書ではさらにいくつかの指摘をしていく。その中で用語の改正、改変を強く謳うことであろう。
　しかしそれは、現在の数学用語が

　　　「〜という事情で選定された結果、誤訳になってしまったようだ」

ということは筆者が調べた限りの「ある程度妥当だと思われる根拠」とともに述べるが、

　　　「〜という事情で選定された」

ことを理由に改変を主張するものではない。筆者の調査が間違っていたり、今後、「根拠としたものが実は間違っていた」ことが判明した場合、新しい説が出て来た場合、などに改変の根拠を失ってしまうからだ。

────────────────
*32 物事がうまくかみ合わないこと。食い違うこと。ゆきちがい。　　【大辞泉】[2]

主張 4

> 数学用語がどういう理由で選定されていようとも、
>
> - 現代にそぐわないもの、
> - 名が体を表していないもの、
> - 特に、その名によって生徒が誤解を招くもの、
>
> は今すぐにでも改変すべきである。

というのが筆者の主張である。

したがって本書に対して「この根拠は間違っている！」との指摘そのものはありがたく頂戴し、素直に反省するものであるが、だからといって「誤訳を改めよ」という主張を取り下げる理由にはならない。

同時に「こういう理由、根拠でこの数学用語がこのように邦訳されたのだ」という議論はどうぞ専門家でやっていただきたい。

筆者はそこはどうでもいい。興味がない。

本書は

「中高生の数学の理解を第一に考える*33。」

この点、くれぐれもお取り違えのないように。

ちなみに「虚」は

- 老荘の思想*34において、無が絶対否定的であるのに対して、虚は実の否定態として、実を可能ならしめる原理としての意味をもつ。
  【『新訂 字統』，白川静著，平凡社刊，2005 年】[9]

のだそうだ。

Coffee Break

雑談：アラビア数字と漢数字

　1〜9 の数詞について、1 つ、2 つ、3 つ、〜、9 つ、という「表現」が気になる。「気になる」というだけで何も「廃止しよう」とか「使っている奴は〜だ」とか、文句を言うつもりは毛頭ない。自

---

*33 これが、筆者が人生を懸けた大命題である。筆者がこの世に生を受けた理由である。為すべき仕事を為さずに人生を終えるわけにはいかない。ご先祖様に申し訳ない。

*34 老子と荘子の思想を合せた学説。一般には，道家思想と同義に用いる。
【ブリタニカ国際大百科事典】

3 虚数はどこが虚しいのか（高 2〜） 25

分自身も普通に使っているので。

　ただ、気になるのだ。

　それは、やまと言葉では、9 までの数え方はひとつ、ふたつ、みっつ、よっつ、いつつ、むっつ、ななつ、やっつ、ここのつ、であるからである。もちろん、10 は「とお」だし 20 は「はた」、100 が「もも」、など、言い始めたらきりがないのだが、自分としては 9 くらいまではなんとなく気になる。

　落語では、「よったり」という言葉を知った。人間を数えるときは、ひとり、ふたり、みたり、よったり、なのだそうだ。いわゆる千鳥足でフラフラ歩くことを「八人歩き」というらしい。それは「よったり、よったり歩く」から、合わせて八人だからなのだそうである。もっとも、米朝によれば

　　　　「（落語で聞いたことを賢しらに）他所で言いなはんなや。恥
　　　かきまっせ。」
　　　　　　　　　　　　　　　　　　　　　　　　（『鹿政談』、桂米朝）

なのだそうで、「八人歩き」がホントかどうか、深く追求するのはやめておこう。

　これと似たようなことが数学用語にも起こっている。ある出版社では昔から「平行 4 辺形」「直角 3 角形」「2 等辺 3 角形」なる用語を使用している参考書を販売し続けている。

　「平行四辺形」「直角三角形」「二等辺三角形」は固有名詞である。「平行 4 辺形」「直角 3 角形」「2 等辺 3 角形」を許すのは、「1 郎」、「2 郎」や「姿 34 郎」を許すようなものではないか。個人的見解としては断じて許すことはできない。できるだけ速やかに改善することを期待する。[a]

　一方、「正五角形」「正六角形」をそれぞれ「正 5 角形」「正 6 角形」と書くのは議論が分かれる。経験上、「正六角形」くらいまでは漢数字を使って欲しいと思うが、「正 17 角形」となると漢数字を強制しづらく、「正 257 角形」や「正 65537 角形」[b]をそれぞれ「正二百五十七角形」や「正六万五千五百三十七角形」と書くのはむしろ反対する。「正 n 角形」とくればもはや漢数字の議論からは手が離れる。

---

[a] vi ページ（♠）参照。非常識で攻撃的な表現をご容赦願いたい。

[b] 中高生の皆さんは、筆者がなぜここで 17 と 257 と 65537 をわざわざ使ったかわかるかな。S タイプでない数学の先生なら答えてくれるかも。それっ、このページに指を挟んで、今すぐ聞きに行くのだ。

4 複素数と素数の関係（高2〜）

教科書の記述を見てみる。
19 ページのような「虚数単位」の記述の後、

（E 社）

さらに、a, b を任意の実数として $a + bi$ の形に表される数を考え、これを**複素数**という。── （中略）──
複素数 $a + bi$ において、a を**実部**、b を**虚部**という。
複素数 $a + bi$ は $b = 0$ のとき $a + 0i$ となり、これを実数 a と見なすことにする。
実数でない複素数を**虚数**という。
特に、$a = 0$ かつ $b \neq 0$ のとき $0 + bi$ すなわち bi を**純虚数**という。

という記述が続く。

　　　「虚数単位」　→「複素数」　→「実部、虚部」
　　　→「虚数」　→「純虚数」

という流れで説明が進み、どの教科書会社もほぼ同じ記述である。

　筆者は「complex number」を「複素数」と訳すのは明確に誤訳であると考える。自分自身は初めて「複素数」を学んだときに、

　　　「素数[*35]」と何の関係があるのか

と訝った[*36]。

- 2つの要素を1つの組にひっくるめて作られる新しい数が複素数なのである。
　　　　　　【『直観でわかる数学』，畑村洋太郎著，岩波書店刊，2004 年】[26]
　　　　　　　　　　　　　　　　　　　　　　　　　　（圏点引用者）

という説明を聞けば、

　　　「そうか、「素」は「要素」の「素」なのか。今までとは違う新しい
　　　数を考えるのね。」

と、まさに「直観でわかる」。
　ところが（ここは議論の分かれるところかもしれないが）、高校教科書では「そ

[*35] 正の約数がちょうど二つである自然数。95 ページに詳しく述べている。

[*36]　いぶか-る【訝る】疑わしく思う。怪しく思う。　　　　　　【大辞泉】[2]

4 複素数と素数の関係（高2〜） 27

う言っている」ように感じない、というのが筆者の率直な印象である。

高校教科書は「$a + bi$ の形に表される数」と表現しているのに対し、畑村は「新しい数」とはっきり表現していることも原因かもしれない。とにかく、印象が違うのだ。

中高生の皆さん、どう見えますか。どう読めますか。教科書はわかりやすいですか。*37

一方、

- 数を表すための素になる数が2つあることから、虚数単位を含んで考える数を複素数といいます。
  【『やりなおし高校の数学』，岩渕修一著，ナツメ社刊，2005年】[27]
  （圏点引用者）

という説明には強い違和感を覚える。

数を表すための素になる数が2つ（複数）、で「複素数」。一見、なるほどと思ってしまいそうだが、モトになる数になぜ「素」という漢字を使うのか。この説明は「複素数」が正しい訳語であるとした前提でのコジツケではないか。12ページのとき*38と同じで、「複素数」という訳語が正しいという前提で説明をしているのではないか。

もし「complex number」がのちに述べる「二元数」*39と正しく（？）訳されていた場合、岩渕は「complex number」の説明を

「数を表すための素になる数が2つある数です。」

とするだろうか。

お気づきだろうか。もし「二元数」であったなら、

「数を表すための元になる数が2つある数です。」

という漢字にするのではないか。

26ページの畑村の説明も、「2つの要素を1つの組にひっくるめて。。。」ではなく

「2つの元を1つの組にひっくるめて。。。」

---

*37 （E社）に関しては「虚数単位」のところで「新しい数」と言っているので、「複素数」のところでは書いていないのかもしれない。あくまで印象の問題ではある。

*38 「分数に直すことができない（無理な）数が無理数」というわけです。」という佐藤修一の主張。

*39 「二元数」は一つの例である。坪郷勉はその著書『複素数と4元数』[29]の中で、「1とiの2つの元からなるという意味で、複素数のことを2元数といってもよい。」と書いている。

となるのではないか。

日本語で数学を初めて学ぶ生徒の気持ちに立って、xii ページの仮説に従えば、「複素数」は甘受できない。
それが筆者の主張である。
さあ、中高生。
こういう情報を全て頭に入れた上で、
こういう知識を全て頭に入れた上で、君たちの世代はどうするか。
君たちの頭で、判断をしよう。
もちろん、本書の主張を否定することも判断のひとつである。
それが、

```
――――――――――――――――――――――――――― 目的 ―
    「物事を正しい目でとらえ、自分の頭で考える」
    「疑問に思ったことを曖昧にしない」
```

ということである。

「複号 ($\pm$)」は「符号 ($+$, $-$)」が「複った」のであり、
「複2次式 $(x^2 + 2x)^2 + (x^2 + 2x) - 2$」は「2次式」が「複っている」イメージである。
「素数」がすでによく知られた用語である以上、漢字文化圏に育った者は「複素数」を

（複）-（素）-（数）でもなく
（複素）-（数）でもなく、

やはり「素数」が「複った」

（複）-（素数）

だと読んでしまう、考えてしまうのが自然だと思うのだが。
実際、

- 明治時代に最初に東大数学科教授になった菊池大麓（1855 ～ 1917）[*40]の『数理釈義』（1886 年）では complex number を複

――――――――――――――――

[*40] 菊池 大麓（きくちだいろく）安政 2(1855) 年生まれ、理学博士、政治家、男爵。慶応 2 年英国へ留学、明治 10 年東京帝国大学教授、23 年文部次官、貴族院議員、31 年帝国大学総長、34 年文部大臣、35 年東京帝国大学名誉教授、41 年京都帝国大学総長、理化学研究所初代所長となり、天正 6 年没。
【『日本数学者人名事典』，小野﨑紀男著，現代数学社刊，2009 年】[16] より抜粋

数と訳しています。複素数と訳したのはやはり東大数援の藤沢利喜太郎[*41]で、彼の「数学字書」（1889 年）に出ています。ところが藤沢は composite number も複素数と訳しています。これは東京数学会社の訳語では composite number（合成数のこと）を複素数と訳しているのでその訳語を使ったのだと思われます。
【『数学用語と記号　ものがたり』, 片野善一郎著, 裳華房刊, 2003 年】[17]
（圏点引用者）

という事実があり、

→【東京数学会社雑誌 第 34 号】では
　　(56) Composite number の邦訳は「複素數」となっている。

であるのなら、現在の「合成数[*42]」の方が、「素数」が「複った」という感覚に近いことに合点がいく。
　「複数」は日常で他の意味にも使用するので避けた方が良いと思うが、畑村の言うように、実際の複素数は「平面ベクトル」や「平面上の点」と同一視することが可能な「要素を二つもった数」、あるいは「二つの数を一組にした数」なわけで、何かそれを示唆するような自然なネーミングはないものだろうか。大学で扱う「四元数」に倣って「二元数」が一番良いと考えるが、いかがだろうか。これなら、

- 「二元数」が二次元であることもはっきりするし、
- 「二元数」と「xy 平面」を同一視して複素数平面を考えることも納得できるし、
- 「$a + bi$」や「$r(\cos\theta + i\sin\theta)$」、「$<r, \theta>$」の表現に見られるように、「二元数」が 2 つの要素をもつこともスッキリする

のではないか。

5　用語の整理 1（【数の拡張】編）

　話を簡単にするために、負の数や小数についての言及は避ける。また、「言語は日本語と英語しかないものとして単純化」して整理する。

[*41] 藤沢 利喜太郎（ふじさわりきたろう）文久元 (1861) 年生まれ、東京帝国大学教授、理学博士。専門は関数論で和算についても研究。貴族院議員となり、昭和 8(1933) 年没。
　　　【『日本数学者人名事典』, 小野﨑紀男著, 現代数学社刊, 2009 年】[16] より抜粋
[*42] 正の約数がちょうど 2 つしかない自然数を「素数」、3 つ以上あるものを「合成数」という。例えば $18 = 2 \times 3^2$ は合成数。これだと素数が 複っているイメージである。

■＜無理数誕生編＞

1. ピタゴラスの時代、人類にとって「数」と言えばそれは「自然数」もしくは「自然数の比で表せる数（分数）」しかなかった。それは英語では rational（ラショナル）と呼ばれ、まさに「比の数」という意味だった。ここに「合理、理」という意味はなかった。これが「数」の全てで、正義であった。「万物は数である」の名言は、現実的な意味としては「万物は整数比である」であったはずだ。

2. 彼らは、これらこそが「数」の全てと思っていたのに、あるとき $x^2 = 2$ を満たす数がこの中（分数の中）に見つからないことに気づく。後にこれは分数で表すことのできない数だと証明されてしまった。「数」の中に、分数で表せないものが見つかった瞬間である。そこで彼らの「数」の正義が変わる。「数」の概念を拡張する必要が生じたのだ。彼らはこれを irrational（イラショナル）と呼んだ。

3. 明治の初め、日本では rational と irrational を邦訳することになる。このときまず、 rational を「有理数」と誤訳してしまった。

4. finite（ファイナイト）（有限）に対して infinite（インフィニット）（無限）などの例があったため、irrational を邦訳する際に「有」の反対、「無」を採用した。このため、「有理数」に対して「無理数」が誕生した。

5. 「無理」はもともと日本語にあった言葉だったので、これは結果的に「無理な数」という解釈ができる数になってしまった。これは日本語だからこそ起こった悲劇である。[*43]

■＜虚数誕生編＞

1. irrational の登場により、 彼らは rational と irrational を合わせて、「数」が完成したと思った。

2. 彼らは、これらこそが「数」の全てと思っていたのに、あるとき $x^2 = -1$ を満たす数がこの中（「数」の中）に見つからないことに気づく。そこで彼らは既知の「数」以外に、「新しい数 (i)」を作った。当然、「数」の正義が変わる。

3. 再び「数」の概念は拡張され、「数」と「新しい数 (i)」を組み合わせた「$a + bi$（a, b は「数」）」という「第 2 の数」も作った。
ここで初めて、以前からの「数」に名前をつける必要が生じた。そこで、
　　　これまでの「数」を real と名付け、
　　　「新しい数 i」を imaginary（1629. ジラールによる）、

[*43] 中国語でも（无理数）は无理な数→無理な数と解釈できるので中国でも同じ悲劇は起こっている可能性があるが、本書では触れない。

5 用語の整理 1（【数の拡張】編）　　　　　　31

　　　　「第 2 の数」は complex　（1831. ガウスに[*44]よる）
　　　　と名付けた。
　　　　【『数学史辞典』，日本数学史学会編, 丸善出版刊, 2020 年】[15]
4. 明治の初め、中国で real を「実数」、imaginary を「虚数」と訳し
　ていたことを受けて日本でもそのまま採用した。
5. 日本では「虚」の訓読みの中で一番にくるものが「むなしい」であっ
　たので、高校数学教員や初学者の高校生にとって、結果的に「虚し
　い数」という解釈をすることが普通である数になってしまった。こ
　れは日本語だからこそ起こった悲劇である。[*45]

■＜複素数誕生編＞

1. complex という用語は東京数学会社雑誌には見当たらない。
　　→【SŪGAKU　YAKUGO】では
　　　　Composite Number の邦訳は「複素数」となっている。
　しかし、Composite Number は現在の合成数のことである。
2. 本来、「第 2 の数」は「二つの要素」「二つの元」「二つの因子」を組
　み合わせた「複合の数」という程度の意味合いだったのである。だ
　から「複要素数」「複素数」「複元数」「複因数」など、いずれになる
　可能性もあった。
3. 会議ではこの中の「複素数」を採用した。別におかしくはない。ど
　れを採用するか、議論の結果の多数決（？）がたまたま「複素数」
　であっただけだ。
4. しかし誕生した「複素数」は結果的に（複）-（素数）と区切って読
　むことが可能であった。「素数」はすでに数学用語として中学生で
　も知っている言葉である。適切ではなかったというべきだろう。繰
　り返しになるが、大学への接続を考えて「二元数」あたりが改正案
　の候補かと考える。

Coffee Break

　雑談：はひふへほ

　残念なことに、中高生はときに間違いを犯す。

─────────────────────────────
*44 （Karl Friedrich Gauss）[1777 ～ 1855] ドイツの数学者・天文学者。正十七角形
　の作図の可能性の証明、最小自乗法の発見、準惑星ケレスの軌道の算出、曲面の研究
　など、純粋数学のほか、電磁気学にも多くの業績を残した。　　　　【大辞泉】[2]
*45 中国語でも（虚数）は「虚しい数」と解釈できると思われるので中国でも同じ悲劇は
　起こっている可能性があるが、本書では触れない。

「彼らはまだ未熟なんです。だから間違うんです。間違った
ら教えてやる。それが教育。それが大人。それが学校。」

　金八っつぁんがそんなことを言っていた。ドラマのセリフだか
ら、と馬鹿にしたものでもない。僕たちだって、中高生のときは随
分間違って、随分失敗して、うまく乗り越えられたかどうかは別と
して、そこに少なからず「大人」や「教師」に世話になってきたの
ではないか。

　しかし、いざ教師になって生徒たちに話してやる言葉は簡単では
ない。本を読んで、小難しい言葉を並べて説教しても響かない場合
もある。経験上、一番簡単で覚えやすく、しかも生徒に響く言葉と
して、筆者がいつしか使ってきた言葉、それが

　　　　「は、ひ、ふ、へ、ほん」

である。

　これは、中高生が実行すべき 5 つの心構えを示している。

　　　　は、ひ、ふ、へ、ほ、

にそれぞれ「ん」を付けて

　　　　はん、ひん、ふん、へん、ほん、

と唱え、それに漢字を当てるのだ。つまり、

　　　　範、品、分、変、本、

である。

　　1.　「範」は「模範」である。
　　　模範というと少し構えてしまうが、そんなに深く考える事で
　　　はない。
　　　　● 学校に行ったら先生や友達に「おはようございます」「お
　　　　　はよう」という。
　　　　● ゴミが落ちていたら拾う。
　　　　● 電車で席を譲る。
　　　　● 授業中に出た消しカスは休み時間にまとめてゴミ箱に
　　　　　持っていく。
　　　　● 率先して黒板を消す。綺麗に消す。先生がびっくりする
　　　　　くらい綺麗に消す。毎時間続ける。誰かが見ている。手
　　　　　伝ってくれる友人が現れる。先生が褒めてくれる。ク
　　　　　ラスの空気が変わる。クラスの「学習に向かう姿勢」が
　　　　　整ってくる。
　　　　● 掃除の担当場所を誰にも負けないように頑張る（93 ペー
　　　　　ジの小林一三、「日本一」の話を参照）。
　　　　こういう小さな事、日常のことの積み重ねで良い。これが
　　　「範」である。

5 用語の整理1（【数の拡張】編）　　　33

2. 「品」は五つの中で最も大事な概念である。

　　いわゆるお金持ちや地位の高い大人、芸能人や近所の飲食店の店主、電車でいつも出会う大人、教師や上司や年寄りをよく観察してみるとよい。

　　明確に「品のある[a]大人」と「品のない大人」に分かれることに気づくだろう。

　　人は無意識にこれを感じているものである。ここの基準が合わないとその人との付き合いは難しいのかもしれない。もし、なんとなくこの人とは合わないな、と感じていることがあるとすればその人との「品の定義」が違うことがあるのかもしれない。

　　もちろん、こうやって人様の「品」について語っている行為こそが一番「品のない行為」だと思うので、筆者や本書をあまり信用しないように。

3. 「分」は「時間を大切に」である。

皆さんの教室には「朝、一番早く教室に入る生徒」が必ず存在する。それが

$\Big\{$　毎日「同じ生徒」である場合と

　　　だいたい「2〜5人程度の生徒」で固定されている場合

とあるだろうが、あなたは、この生徒たちの名前を言えるだろうか。

　　これを言うことができるのは毎日「2〜5番目に教室に入る」生徒だけであるはずである。少なくとも始業時間ギリギリに教室へ駆け込んでくる生徒は「誰がいつも早く来ているか」を知る由（よし）もない。会社でも学校でも同じだ[b]。遅く出社する人は「いつも早く来ている人」の名前を言うことができない。

　　「分」を大切にするとはこういうことである。こういう人は他人からの評価が高いことが一般的である[c]。もしそういう人が「いつも教室にいる時刻に来ていない」日があったら、皆が「何かあったのか」と心配してくれる。これを「信用」という。どこかで誰かが見ていてくれる、というのはこういうことをいうのだ。「分」は大切にしなくてはならない。

　　　（注意）

　　　　この話をするときに忘れてはならないのが、いつも「分」を大切にする生徒に対する注意である。いつも「分」を大切にする生徒、一番に教室に入る生徒は概ね真面目であることが多い。こういう生徒だって当然、ときには遅刻する。そのときにこういう生徒は「遅れまい」と焦って急いだりするものである。

　　　　大丈夫。あなたはすでに「信用」を得ているのだから、焦る必要も走る必要もない。「時間を守ることについての信用」は、一度や二度で

は失われることはない。こういう時は、「堂々と」「胸を張って」「2時間目か3時間目の途中に」遅れて行こう。「どしたん？」と聞かれたら、「寝坊した。」と一言言ってやればよい。

　特に大事な、絶対に遅れることは許されない日に寝坊したら？

　それでも堂々と遅れて行こう。焦って事故にでもあったらつまらない。命より大事な「遅れることは許されない日」など存在しない。

　ただし、「信用のない人」がこれをやるとどうなるか。

　　　　　　　　　　　　　　　　　── 本書は責任を負いかねる。

4.　「変」は「変化」である。変化は「進化」であり、それはいずれ「深化」に変わる。そして「深化」が進むと、「視界が一気に開ける」という体験を手にすることができる。中高生にはこれを体験してもらいたい。体験させたい。

　わからないなりに、できないなりに地道に同じ努力を繰り返したとき、ある日突然、急に「視界が開けた」という経験を持つ大人は少なくないはずである。周りの大人に聞いてみよう。

　筆者は高校現場に長くいたので、高校3年間の生徒の成長の素晴らしさを数多く目にしてきた。高校生は、3年間で「驚くほど」成長する。

　授業の中でも成長する。30分あれば新しい知識を得て、新しい技術を身につけ、その日中に進化を遂げる。

　これが積み上がることで、高校卒業時の知識の量は、入学時とは比較できないくらい増えるものである。あるいは、高校で始めたクラブ活動で一気に芽を出し、全国レベルにまで高める生徒も少なくない。

　まさに「変化の3年間」となる。高校生よ、1秒も無駄にすることなく高校生活の中で起こる「変化」を楽しもう。

5.　「本」は書籍の「本」である。

　つまり「ネット情報よりも本を読め」である。

　これは詳しい説明を必要としないだろう。本書もそうだが、構想、企画から執筆、校正、印刷から流通まで多くの時間と多くの人の手がかかっている。そうやって出版される「書籍」には比較的ミスは少なく、多くの「よい情報」が書かれていることが多い。ネットのような即効性はないが、ある事柄についての歴史や時代背景、経過や将来の見通しなどの情報、また文学作品の味わいや自然科学の事実もしっかり学ぶことができる。

　高校生よ、電車の中ではスマホではなく書籍、本を読め。それが本書であればなおよいことは言うまでもない。

　ただし、本書の誤植や事実誤認などに気づいたからといってSNSなどで騒ぎ立てることのないように。

5 用語の整理 1（【数の拡張】編）   35

---

[a] 何をもって「上品」か「下品」かを定義することは個人の感覚によるもので
あるからここで「品の定義」をすることはできないのだが。

[b] なんならあなたの担任や教科担当の先生に、「どの先生がいつも早く来ている
か」と聞いてみればよい。直ちに答えられる先生と、「〜先生が早いらしい」
という伝聞の形で答える先生と、答えられない先生、に分かれるはずだ。

[c] これは絶対ではなく、時間ギリギリに来るのに勉強ができる奴、仕事ができ
る奴は存在する。

第2章

やや専門的な話〜その1〜

　この章は、高校数学を学習した、または今後学習する予定の人が必要となる内容となるので、数学を職業とする人や高校生以外は読み飛ばして構わない。もちろん、拒むものではないので意欲ある中学生はぜひチャレンジしてみてほしい。

1　絶対値は「絶対の値」ではない

　高校に入って、筆者が初めてつまづいたのが、忘れもしない「絶対値」のテーマである。調べてみるとどうやら中1で初めて登場しているようだが、記号や文字の扱いについては、高校で初めて出てきたのだと思う。非常に混乱した記憶がある。高校の教科書には、こう書いてある。

（C 社）

数直線上で、原点 $O(0)$ と点 $P(a)$ の間の距離を、実数 a の絶対値といい、記号 $|a|$ で表す。0 の絶対値は $|0| = 0$ である。

　┌─ 絶対値の性質 ─

　　1. $|a| \geqq 0$

　　2. $a \geqq 0$ のとき、$|a| = a$，$a < 0$ のとき、$|a| = -a$

　まず、当時高校1年生であった筆者が、はじめに気になったのは「絶対値」という用語である。これは「『絶対』の『値』」と読める。いや、そうとしか読めない。上の定義の、「どこが『絶対』」なのか、理解に苦しんだ。みんな、そう思わなかったのだろうか。

英語表記では「absolute value」なので、邦訳としては何も悪くない。英語をそのまま訳しただけだし、邦訳にあたった先生方にもなんの悪意もなかったであろう。しかし「絶対値」は、

　　　　断じて「『絶対』の『値』」ではない。

日本語の感覚に鋭い生徒にとっては、大迷惑な「誤訳用語」である。

　　　日本語の感覚の鋭い生徒にとっては、日本の数学用語は不自然で、素直な理解を阻むものが多いと思われる[*1]。数学ができなかった人の中には「日本語の感覚が鋭かった」ことが原因であるケースもあるのかもしれない。日本語の字義や意味や背景に無頓着で、用語の意味はさして考えず、用語の意味を漢字で理解することもせず、理論だけを素直に受け取れる生徒が数学が得意になっていくのだろうか。
　　　だから数学が好きだとか美しいとか言う人は周りから見ると特異に映るのかもしれない。——自分で言いながらやや不愉快であるが。

【英和辞典】[3] で「absolute」は

　　1.　絶対の；完全な、純粋な。

　　2.　無条件の、無制限の；全くの

　　3.　専制の、独裁の；制約のない、独立した。

　　4.　決定的な、確実な

　　　　　　⋮

であり、「距離」という意味はない。

「絶対値」は「誤訳」である。[*2] 実態を正しく表す邦訳の候補として「距離数」とか「距離値」とかはいかがだろう。（仮に「距離値」と決めるものとする。）

高校１年生で学ぶ「距離値」の定義は今までと変わるものではないが、説明はずっとしやすくなるだろう。

距離値

数直線上の実数 x, y に対して、

1. $|x|$ を x の「距離値」と呼ぶ。

　　これは数直線上で、原点 O と実数 x の距離を表す。

[*1]　194 ページの「高木の主張」をお楽しみに。

[*2]　141 ページで述べているように、黒木哲徳によると「ワイエルシュトラスは絶対値と呼んだがガウスはノルムと命名した」のだそうである。初めから全てガウスの意見を採用して「ノルム」にしておけば、多くの日本の中高生が悩まずに済んだのではないか。

1 絶対値は「絶対の値」ではない 39

すなわち、$|x| \equiv \begin{cases} x & (x \geqq 0) \\ -x & (x < 0) \end{cases}$ である。

2。$|x-y|$ を $x-y$ の「距離値」と呼ぶ。

これは数直線上で、実数 x と実数 y の距離を表す。

すなわち、$|x-y| \equiv \begin{cases} x-y & (y \leqq x) \\ y-x & (x < y) \end{cases}$ である。

上の定義により、

1. $|3|$ は数直線上の原点Oと実数 3 との距離なので $|3| = 3$
2. $|-3|$ は数直線上の原点Oと実数 -3 との距離なので $|-3| = 3$
3. $|x-3|$ は数直線上の実数 x と実数 3 との距離なので x と 3 のどちらが数直線の右側にあるのか、場合分けが必要となり、

$$|x-3| = \begin{cases} x-3 & (3 \leqq x) \\ 3-x & (x < 3) \end{cases} = \begin{cases} x-3 & (3 \leqq x) \\ -(x-3) & (x < 3) \end{cases}$$

4. $|x+3|$ は $|x-(-3)|$ と書けるので、数直線上の実数 x と実数 -3 との距離を表す。なので、

$$|x-(-3)| = \begin{cases} x-(-3) & (-3 \leqq x) \\ -3-x & (x < -3) \end{cases}$$

すなわち

$$|x+3| = \begin{cases} x+3 & (-3 \leqq x) \\ -(x+3) & (x < -3) \end{cases}$$

となる。

どうですか、高校生！「距離値」の方がよくないですか。

2 整数部分は「整数の部分」ではない（高1〜）

教科書の記述は

（A 社）

「実数 x について、$n \leqq x < n+1$ となる整数 n を x の**整数部分**といい、$x-n$ を x の**小数部分** という。」

（C 社）

「実数 a について、a を超えない最大の整数 n を a の**整数部分**といい、$a-n$ を a の**小数部分** という。」

（E 社）

「実数 a に対して、a を超えない最大の整数を n とすると、
$$n \leqq a < n+1$$
が成り立つ。
このとき、整数 n を a の**整数部分**といい、$a-n$ を x の**小数部分**という。」

である。

しかし、「整数部分」という用語は日本語の感覚として「整数の部分」と解釈できるので生徒にとっては誤解しやすい。いや、これは「誤解」ではない。「整数の部分」と解釈する方が日本語として「素直な理解」である。日本語が普通に話せる人はそう解釈するはずである。その証拠に、近くの大人に

「−3.14」の「整数部分」は何でしょう。

と聞いてみればよい。100 人が 100 人、「−3」と答えるだろう。

日本の数学用語は、中高生が誤解するようなトラップ[*3]をわざと仕掛けているとしか思えない、と言えば言い過ぎか。

実は

「　3.14」の「整数部分」は　　「3」でよいが、

「−3.14」の「整数部分」は　定義によると「−4」

[*3] 【trap】動物を捕獲するための用具。わな。

【大辞泉】[2]

2 整数部分は「整数の部分」ではない（高1〜）   **41**

となるのである。[*4]

日本では同じことをガウス記号（ $[x]$ ）を用いて表す場合がある。

「ガウス記号」というカタカナ名称は生徒にとって「新たに定義を覚えなくてはならない」という気を持たせることもあり、誤解が生じない分、「整数部分」より遥かにマシである。しかし、その名称から実態が伝わってくるものではない。

日本の中高生を「整数部分」の呪縛[*5]から解き放つために、英語圏で使われる floor 関数（ $\lfloor x \rfloor$ ）の導入を提案する。

$$\lfloor 3.14 \rfloor = 3 \quad (\text{floor} \quad 3.14 \quad \text{イコール} \quad 3 \quad \text{などと読む})$$
$$\lfloor -3.14 \rfloor = -4 \quad (\text{floor} \quad -3.14 \quad \text{イコール} \quad -4 \quad \text{などと読む})$$

である。

また、「 x を下回らない最小の整数」のことを表す ceiling 関数（ $\lceil x \rceil$ ）というのもある。

$$\lceil 3.14 \rceil = 4 \quad (\text{ceiling} \quad 3.14 \quad \text{イコール} \quad 4 \quad \text{などと読む})$$
$$\lceil -3.14 \rceil = -3 \quad (\text{ceiling} \quad -3.14 \quad \text{イコール} \quad -3 \quad \text{などと読む})$$

である。

数直線を縦に置いてエレベーターをイメージして考えると、素直に理解できるだろう。

「整数部分」という言葉をやめてしまって、「floor part（床部分）」と「ceiling part（天井部分）」という言い方にすれば誤解は生じない。

> 「また新たな用語や記号を増やすのか」という意見が飛んで来そうだが、誤訳を放置するよりは遥かにマシである。高校生の理解を第一に考えよう。高校生の理解を阻むものを、議論した上で改正、排除し、高校生の理解を助けるものを作成、追加していけばよい。冷静に、この観点で議論をすればよいだけだ。

英語圏では、これを採用している国もあると聞くが、日本語で数学を学ぶということは、少なくともこの点において日本の中高生が海外より不利な状況におかれているということなのである。

[*4] 英語でも「Integer part」というのでそれをそのまま邦訳したのだろう。英語でも混乱は起こっているかもしれないが本書では触れない。

[*5] まじないをかけて動けなくすること。心理的な強制によって、人の自由を束縛すること。
　　　　　　　　　　　　　　　　　　　　　　　　　　　　　　　　【大辞泉】[2]

老婆心ながら最後に付け加えると、「整数部分」「小数部分」の定義について、本文に記述のない教科書があった。[*6]。中には「教科書本文の中」に定義の記述は見当たらず、「節末問題」「章末問題」に問題として1題ずつ掲載されていたものもあった。定義を掲載せずに問題を掲載して、生徒に「あとは先生に聞いて自分で調べてやっておけ」という姿勢なのか。

これらの教科書を使っている高等学校の先生方は当然、このことを「知って」指導されていると思うが、「抜け」がないか心配である。学校で、これらの教科書を使っている高校生は、「整数部分」「小数部分」のテーマが入試に出題されたときにうまく対応できるのか。

Coffee Break

雑談：宇宙人に連れて行かれた話

他人の夢の話というのは聞いていてつらいことが多い。自戒を込めて言うのだが、面白かった夢の話を他人に話していて、聞いた方が満足しているかと言えばそうでないことの方が多いような気がする。

夢を見た方はすごく楽しくて、情景も頭に残っているから覚えているうちに話したくなるのだが、話し始めると細部がわからなくなり、どうせ相手にはわかんねえや、という思いもあって勝手に創作したりして、元々荒唐無稽[a]な話がより支離滅裂[b]になる。

そういう自覚の下であえて話題にするが、筆者には、小学生の頃に繰り返し見た夢がある。同じ夢を繰り返し見る、という事が本当にあるのか、それが何を意味するのか、そんなことは考えたこともないし証明もできないのだが、とにかく、同じ夢を繰り返し見た記憶がある。

それは、暗いトンネルの中を妙に太い人と、妙に背の高い人に手を引かれてどこかへ連れて行かれる夢である。筆者は子供心に「ふとっちょ星人」「ひょろひょろ星人」と名づけて、人に話していたように思う。

「ふとっちょ星人」は、とにかく体が太くて、太くて、太い。形容しがたいが、とにかく太い。なのに手足が細くて長い。

「ひょろひょろ星人」はとにかく体が細くて手足も細くて背が高い。ともに人の形をした生物であるが、宇宙人のような一体型のスーツを身に付けていたように記憶している。この二人に急に腕をつかまれ、暗いトンネルの中を連れられていくのだ。必死に抵抗し

[*6] 「非存在」の証明はできない。筆者の「見落とし」の可能性はある。その場合はご容赦願いたい。

ていたのか、それとも唯々諾々^{c}と従っていたのか、そのあたりの記憶はない。

とにかく、何度も繰り返し夢に見た。

そこで、宇宙船に乗せられた。手術台のようなものに横たわり、何か頭に細工をされた。

夢から覚めるとそこは前の晩に寝ていた自分の家である。別に足に泥がついているわけでもないし、頭に手術の後があるわけでもない。起きてからは、普段の日常が変わらず流れていく。

筆者のおでこが角度によって妙に広く見えたり、また周りの人に比べてやや頭髪が薄いと見えるのは、このときの宇宙船内の手術の影響によるものかもしれない。今後、もし筆者の頭髪が見る影もなくなっていくことがあるとしたら、それはきっと、あのときの宇宙人の仕業であろう。

もし周りに頭髪の薄い人がいたら、子供の頃に同じような夢を見たか、聞いてみるとよいだろう。

ただし、ぶん殴られても責任は負いかねる。

---

^{a} 言動に根拠がなく、現実味のないこと。また、そのさま。

^{b} 物事に一貫性がなく、ばらばらで、まとまりのないこと。また、そのさま。

^{c} 少しも逆らわずに他人の言いなりになるさま。　　　　　以上、【大辞泉】[2]

3　相反方程式は英語圏で学びたい（高2〜）

「係数が左右対称になっている高次方程式」のことを「相反方程式」という。例えば

相反方程式	係数
$x^2 + 2x + 1 = 0$	$(1, 2, 1)$
$2x^3 + 3x^2 + 3x + 2 = 0$	$(2, 3, 3, 2)$
$x^4 + 2x^3 + 3x^2 + 2x + 1 = 0$	$(1, 2, 3, 2, 1)$
$3x^5 - 4x^4 + 7x^3 + 7x^2 - 4x + 3 = 0$	$(3, -4, 7, 7, -4, 3)$

のようなもののことだ。

これは高等学校の教科書には登場しない。が、入試には時々顔を出す。

簡単な相反方程式なら解き方を習っていなくても解ける人は解けるのだが、複雑になれば解き方を知っている者が得をするのは事実だろう。なので進学校や塾では解き方を教えてくれる。

学習指導要領の都合もあるのだろうが、相反方程式は、面白いテーマではあるので教科書に載せてしまえばよいのでは、と思う。

「隠す」
「見せない」
「調べる意欲のある生徒しかわからないようにする」

ということをしておきながら「入試には出す」というのはあまり品のいい話ではあるまい。

しかし、「相反」というネーミングはセンスが悪い。【大辞泉】[2] によると「相反」は、「互いに反対であること」とある。確かに、係数が左右対称であることを「互いに反対」というイメージで捉えれば、あながち間違った名前とは言えないのかもしれない。

【数学辞典】[11] によれば相反方程式は英語では「reciprocal equation」ということになっているが、これも「有理数」のときと同じで、未知の単語「reciprocal equation」があったとして、この邦訳を考える、という発想をしなくてはいけない。

「reciprocal」は【英和辞典】[3] によると

$$\begin{cases} 1. & 相互の、お互いの。\\ 2. & 返礼の、代償的な ; 仕返しの \end{cases}$$

という意味だが、数学では「相互」というイメージではなく、たとえば【数学小辞典】[14] では「reciprocal」は「逆数」と訳している。

英語圏の生徒が「reciprocal equation」を見ただけで「逆数」をイメージするのであれば、日本語で学ぶ生徒は「不利」ではないのか。

さて、冷静に二つを並べてみよう。

言語圏	数学用語	生徒の感じ方
日本語	相反方程式	係数が対称な方程式！
英語	reciprocal equation （逆数方程式）	なんで逆数？ どこが逆数？

日本の教室

先生　$x^4 + 2x^3 + 3x^2 + 2x + 1 = 0$ のような方程式を「相反方程式」といいます！

生徒　なんで「相反方程式」というんですか？

先生　係数が左右対称だからです。

4 級数は「級の数」としか読めない（高3〜）　　　**45**

「相反方程式」という名前は、「相反」という言葉に対してかろうじて「係数が対称だ」という感想を持つ程度のことはあるかもしれないが、どうやって解くのか、この方程式の持つ性質は何か、というところに考えが及ばない。

英語圏の教室

先生　$x^4 + 2x^3 + 3x^2 + 2x + 1 = 0$ のような方程式を「逆数方程式」といいます！

生徒　なんで「逆数方程式」というんですか？

先生　解いてみるとわかります。

生徒　あれ、解が逆数になってる！　いつもそうなんですか？

先生　いつもそうなのかどうか、考えてみようか。

一方、「逆数方程式」と聞くと、「見たところ逆数は入っていないのに、なぜ逆数方程式というのか」という「疑問」が生まれる。

結論を言えば、「reciprocal equation」は、$x = \alpha$ を解に持つならば必ずその逆数 $\dfrac{1}{\alpha}$ も解に持つ、という方程式なのだ。ここでもう一度表にしてみる。

言語圏	数学用語	方程式の性質	生徒の感じ方
日本語	相反方程式	必ず逆数を解にもつ	係数が対称な方程式
英語	reciprocal equation（ 逆数方程式）		なんで逆数？どこが逆数？

いかがだろう。「相反方程式」は誤訳なのではないか。
令和の高校生よ、「逆数方程式」の方が良くないか。
自分たちの世代で、日本の数学用語の歴史を変えてみないか！

4　級数は「級の数」としか読めない（高3〜）

筆者が高校2年生で数列を初めて習ったとき、

「思考」という「手」で、無限の彼方にある第 n 番目の項に触れることができること

は大変な魅力だった。$\sum$（シグマ）記号、漸化式、数学的帰納法（きのうほう）、どれをとっても新鮮で面白かった。これをきっかけにこの世界に入ったといっても過言で

はない。筆者にとって「数列」は人生の分岐点となった。

ところで3年生になって習った「無限級数」については、これは気持ち悪かった。理由は、高校生当時、「級数」という用語から、「数列の無限和」をイメージしにくかったからだ。

「数列」と聞けば、「数」の「列」なんだな、とすぐに分かる。これは名訳である。英語で

progression（1. 前進、進行、連続、2. 進歩、改良、漸進）
sequence（続いて起こること、連続）[7]

ということを考えれば、まことにもって日本人向けの素晴らしい「意訳」を考えてくれたものだと感心する。

ところが、「級数」である。「級」の「数」とはナニゴトか。「級」からイメージされるものといえば「そろばんや水泳の技能力としての目安」というのが第1番目で、あとは浮かんでこない。【大辞泉】[2] によると

1. 一段一段と区切られた順序。
2. 学校のクラス。組。
3. うちとった首。

となっており、「無限和」という意味はない。

教科書には

（A 社）

無限数列 $\{a_n\}$ の各項を初項から順に加えていった形の式

$$a_1 + a_2 + a_3 + \cdots + a_n + \cdots$$

を**無限級数**といい、a_1 をこの無限級数の**初項**、a_n を**第 n 項**という。
── （中略） ──
数列 $\{a_n\}$ の初項から第 n 項までの和

$$S_n = \sum_{k=1}^{n} a_k = a_1 + a_2 + a_3 + \cdots + a_n$$

を、この無限級数の**第 n 項までの部分和**という。

と書いてあって、他社も同じような表記である。

一方、【広辞苑】[1] で「級数」を引いてみると

---

[7] 【数学 英和・和英辞典】，小松勇作編著，共立出版刊，増補版第1刷 2016 年 [13]

4　級数は「級の数」としか読めない（高3〜）　　**47**

きゅう-すう【級数】　■

(series) 数列 $a_1, a_2, a_3, \cdots, a_n, \cdots$ に対し、数列

$$a_1 ,$$
$$a_1 + a_2 ,$$
$$a_1 + a_2 + a_3 ,$$
$$\vdots$$
$$a_1 + a_2 + a_3 + \cdots + a_n ,$$
$$\vdots$$

をもとの数列から作られた級数という。また、項数が無限のものを無限級数といい、

$$a_1 + a_2 + a_3 + \cdots + a_n + \cdots$$

と書き表す。等差級数・等比級数・冪^{べき}級数の類。

とある。

あれ、何となく【広辞苑】[1] の方がわかりやすいように見えるのは気のせいか。

また、【広辞苑】[1] は高校数学では生徒に見せない等差級数・冪^{べき}級数という用語も例に挙げている（しかも「べき」は漢字である。広辞苑にできることが高校教科書にはできないのか。63 ページに詳しく述べている。）。

級数の定義の後に無限等比級数だけ取り上げて、等差級数・冪^{べき}級数は紹介しない高校数学教科書よりもこちらの方がバランスが良いように感じる。教科書は学習指導要領の縛りがあるから自由な記述はできないのだけれども、何とも奇妙な感じを受ける。

いま、級数は英語で「series」だと【広辞苑】[1] にあったので、あらためて【英和辞典】[3] を引いてみると、「一続き、一系列；連続」となっている。「series」は、「和」の意味を持っている訳ではない。

さらに【数学小辞典】[14] で「級数」を引くと

きゅうすう【級数】　■

数列 $\{a_n\}$ の項を順に和の記号 + で結んだもの。すなわち

$$a_1 + a_2 + a_3 + \cdots + a_n + \cdots$$

をいう。

項の数が有限個の場合は $\displaystyle\sum_{k=1}^{n} a_k$ で表して有限級数と呼び、

項の数が無限個の場合は $\displaystyle\sum_{n=1}^{\infty} a_n$ で表して無限級数という。

高校3年生ならわかると思うが、それぞれの書籍で微妙に説明が異なる。
　用語の理解が正しくないと本質の理解には遠く及ばない。テーマの入り口において用語の意味を正しく把握することが大切なのは言うまでもない。
　教科書がどう記述するかの責任は小さくない。

5　効果的な学習に向けての提言

　高校生は、【教科書】、【広辞苑】、【数学小辞典】の全てを比較して学習することはないだろう。でも今、これらを並べてみて、どれが一番わかりやすいと感じるのだろうか。本来であればそれは【教科書】でなくてはならないはずである。全員ではなくとも、【教科書】が「一番わかりやすい」と評される役割を担うはずである。
　しかし、万人にとって「一番」である書物や解説書は存在しない。
　どんな勉強でも、どんなテーマに挑むにしてもそうだが、一冊の本を繰り返し読むことよりも図書館へ行って何冊かの本を斜め読みする方がわかりやすいことの方が多いのではないかと思っている。本当に大切なこと、本質と呼ばれるモノは、どの本にも書いてあるはずだ。どの本にも書いてあることを拾い出せば本質は見えて来る。また本によって本質の説明の仕方が少しずつ違えば、それらを比較することによっていち早く正確に、本質に迫ることができる。これらは、少し年齢を重ねた人ならば経験で知っていることだろう。
　A先生の説明がわかりにくければ、B先生、C先生に聞きにいくこともまた大事であろう。いわゆるセカンドオピニオンである。生徒はこれを遠慮してはいけないし、先生は拒んではならない。ましてや、自分の講座の生徒が「授業がわからない」からという理由で他の先生に質問にいくことを快く思わない先生があるとしたら言語道断である。そんな狭量な姿勢は捨てて、生徒の理解を第一に授業研究にあたってほしい。生徒の未来を教員が摘んではいけない。
　全てに通ずることではないかもしれないが、テーマXを学びたいとき、わからないときには「非X」を学ぶとうまくいくことがある。「白」を知りたければ同時に「黒」を学べ、ということだ。
　一冊の本や一人の先生に拘らず、真実を知理、身に付けるために、高校生はあらゆる手を講じて学問に邁進してほしい。

　勉強は「自分のため」にしてはいけない。「自分のため」にやるのには限界があるし、自分が「もういいや」と思えば勉強をする意味は無くなってしまうからだ。
　勉強は「将来、どこかで誰かの役に立つため」にやるのだ。

5 効果的な学習に向けての提言　　　49

　人は、「自分を必要としてくれる誰か」「自分を認めてくれる誰か」のためなら、苦しいことにも耐えれらるのではないか。チームスポーツやチームで挑むイベント、吹奏楽やダンスチームなど、生徒が本来の自分の実力以上に力を発揮する事例は枚挙に暇がない。筆者の経験の中でも多くの例を見てきた。

　中高生よ、未来のために自分を燃やせ。
　保護者は、学校は、先生は、教科書は、君たちを応援している。甲子園で響くようなラッパや太鼓の音が物理的に聞こえなくとも、心の中で、保護者の、学校の、先生の、大人たちの声援が聞こえ、見える生徒は、何に向かうにしてもきっと強いことだろう。
　そして大人になって、どこかで誰かの役に立てるようになったら、その延長線上にそれが未来の子供たちへの応援につながっていることを知るだろう。みんなそうして育ててもらって、みんなそうして大人になったのだ。次は君たちの番だ。
　がんばれ、日本の中高生！

Coffee Break

雑談：漢字の相性

　世の中に髪の毛で悩んでいる人は多いと聞く。抜け毛を防ぐシャンプーや、植毛技術の開発は今に始まったことではない。悩んでいる人たちには朗報であろう。筆者のように宇宙人に手術をされてしまった人 (42 ページ参照) はさておき、さまざまなニーズに応えるため、こういう会社は是非企業努力を続け、商品開発に勤しんでいただきたいと思う。

　さて、漢字検定準一級、一級を勉強していると、いろんなことを学ぶ。漢字が使われるのは、言葉、表現、文化、動植物、、、実にさまざまな分野に及ぶ。面白いもので、漢字にも相性があり、「一度見ただけですぐに覚えられて書くこともできて、かつ忘れない」という字もあれば、何度練習してもすぐに忘れ、何度も書くのだがしばらくすると「あれ？」という漢字もある。これが画数の多寡[a]に関係ないから面白い。正に「相性」だと感じるのだ。

　また、「こんな単語、誰が使うねん！」と思うような難しい用語が、夏目漱石の「こころ」の中にさらっと使われていたりする。
　「ああ、漱石先生は普通に知っておられてお使いになるのね。」
と気づく。
　漱石だけでなく、昔の小説や落語の中などに、こういう事例は山ほど存在する。使う人は使うし、知っている人は知っているものだ。勉強をしてみると、あらためて「自分が如何に何も知らずに生きてきたか」に気づかされる。人間、一生勉強である。

　さて、勉強をしていると、「国字」というものに出合う。「漢字」はあちらの字で、「国字」とは日本で創作された字、ということである。有名なものに「峠」（漢検四級）がある。まさに形状から作られた文字、という感じがして、筆者は好きなのであるが、一級の国字の中に「毟」という字がある。

　「むし（る）」と読むのだそうだ。

　すぐに覚えてかつ、忘れない漢字であるが、あまり好きになれない。

---

　[a] 多いことと少ないこと。多いか少ないかの、その量・額。多少。【大辞泉】[2]

第3章

漢字の意味を無視せよ

0 「当用漢字」と「常用漢字」

『「完璧」はなぜ「完ぺき」と書くのか』
田部井文雄著, 大修館書店刊, 2006 年 [37]

から一部を紹介したい。少し長いので、本文の引用は 173 ページに示した。概要をまとめると

1. （『玩具』を書き直した）『がん具』のような「交ぜ書き」の発生は、昭和 21(1946) 年に公布された「当用漢字表」が元凶[*1]。
2. 内閣が「当用漢字以外は使用すべきではない」と告示したため、教育界・出版界まで「当用漢字表」以外の漢字は全て使用禁止となり、教科書までその制約に縛られた。
3. そんな中でさえも人々が使用せざるを得なかった「他に置き換えの効かない言葉」があった。皮肉にもそれは「交ぜ書き語」という形で炙り出された[*2]。
4. 昭和 56 （1981）年「常用漢字表」の公示。その根本精神は、漢字使用の「制限」から「使用の目安」への大転換だった。ところが、今

[*1] 悪党の中心人物。悪者のかしら。転じて、諸悪の根源。　　　　　　【大辞泉】[2]

[*2] 筆者なりに解釈すれば、たとえば「矜持」という言葉を使いたい時は「プライド」や「誇り」、「自尊心」という言葉では思いやニュアンスが正しく伝わらないから「矜持」という言葉を用いるのである。それを政府が決めた「当用漢字」「常用漢字」のために「きょう持」と書かなければならないとしたら、これは書き手に対する冒涜である。後に述べるように、現在は一般の書籍や学術の場では許される、というのが実情であるのだが、新聞やテレビの一部ではそうはいかない時もあるらしい。

もなお（引用者註　2005 年ごろを指す）「交ぜ書き語」を見るのは、現場ではそれへの対応ができていないから。

5. 明治・大正・昭和の間は、当時の知識人等の漢字へのバッシングが続いた。
   - 前島 密は、「漢字御廃止之儀」で漢字全廃・かな表記論を展開。
   - 森有礼は、日本の国語を英語にせよと主張。
   - 田中館愛橘は、「ローマ字国字論」を主張。
   - その後、福沢諭吉・森鴎外などが中心となった「漢字節減論」もあった。

   漢字文化軽視の風潮は、今に引き継がれている。

6. 漢字表現の平易化のために、「抛物線」を「放物線」とするような漢字の「書き換え」も行われた。──（♣）

   しかし、名古屋万国博覧会（引用者註　2005 年日本国際博覧会のこと）のテーマは「自然の叡智」であって「英知」ではなかった。「叡智」の漢字の感触を、万博の当事者たちは捨てきれなかったのだ。

といったところだろうか。

　基礎知識を整理しておこう。【広辞苑】[1] による。

とうよう-かんじ【当用漢字】　■
　　現代国語を書き表すために、1946 年（昭和 21）政府が訓令・告示をもって公布した 1850 字の漢字。日常使用する漢字の範囲を定めたもの。その後、48 年に当用漢字音訓表・当用漢字別表（いわゆる教育漢字）が、49 年には当用漢字字体表が発表された。　　　　　　　　　　　　　　　　　　　　　　　　　（圏点引用者）

じょうよう-かんじ【常用漢字】　■
　　当用漢字に代わるものとして、1981 年に内閣告示された漢字。一般の社会生活において使用する漢字の目安として 1945 字の字種と音訓を選定。2010 年に改定し、2136 字種になる。　　　　　　　　　　　　　　　　　　　　　　　（圏点引用者）

　片野も「当用漢字」について言及している。

- 第二次大戦で日本が敗戦した後いろいろな改革が行われますが、昭和 21 年に『当用漢字表』と『現代かなづかい』が文部省から告示されました。これに伴って数学用語も平明・簡単なものに統一されることになって、学術会議が中心となって学術用語の改定が行われて、昭和 29 年に文部省の『学術用語集・数学編』が出版されたわけです。これが現在私たちが使っている数学用語の基礎になったものなのです。
  【『数学用語と記号　ものがたり』，片野善一郎著，裳華房刊，2003 年】[17]
  　　　　　　　　　　　　　　　　　　　　　　　　　　　（圏点引用者）

0 「当用漢字」と「常用漢字」

　片野のいう【『学術用語集・数学編』，文部省，1954 年】[38] については
177 ページで少し触れる。

♡　　　♡　　　♡　　　♡　　　♡　　　♡　　　♡

　2010 年（平成 22 年）11 月 30 日告示の常用漢字表の「前書き」を抜粋
して引用する。

前書き（抜粋）

- この表は，科学，技術，芸術その他の各種専門分野や個々人の表記にまで
  及ぼそうとするものではない。ただし，専門分野の語であっても，一般の
  社会生活と密接に関連する語の表記については，この表を参考とすること
  が望ましい。
- この表の運用に当たっては，個々の事情に応じて適切な考慮を加える余地
  のあるものである。

（圏点引用者）

　漢字全体に対していくつかの制限をかけるという考え方や指針は理解で
きなくはない。むしろあって当然であろう。
　「当用漢字」で「制限」を強制され（1946）、35 年後の「常用漢字」で
「制限」から「目安」に緩和された（1981）ことは、すぐには「表外漢字」
を使うに至らなかった十分な理由になると同情するが、（2010 年の「前書
き」で、）常用漢字は「各種専門分野や個々人の表記にまで及ぼそうとす
るものではない」と明記しているのだから、

　　　　生徒の理解を犠牲にしてまで、
　　　　生徒がその意味を誤解する可能性を生み出してまで、

数学用語が遠慮して漢字を常用漢字に統一する必要はない。
　実際、一時期の教科書参考書等では「だ円」と交ぜ書き表記されていた
が、いつの頃からか「楕円」と書き改められた。

　まさか令和の現代、天下の文科省に

　　　「なんで表外漢字を教科書に使うとんねん！」
　　　「国の漢字施策を教科書が踏み越えてどないすんねん！」
　　　「どう責任取るつもりや！」

などと恫喝するパワハラ上司がいるわけでもあるまいに。

筆者は 2007 年の発表で

> 　昨今、新聞紙上でも「交ぜ書き」の弊害が指摘されている。
> 「改竄」を「改ざん」、「隠蔽」を「隠ぺい」、「捏造」を「ねつ造」、
> 「熾烈」を「し烈」などと書くことは国語力の衰退を招き、「読む
> 力」「読みを想像する力」「語彙力」を低下させる。いずれも常用
> 漢字の壁である。
> 　国語力の低下は、英語力、数学力、理科力の低下につながり、
> ひいては考える力、生きる力をも子供たちから奪ってしまうの
> に、である。
> 　**日本の未来の危機である。何とかしなくてはならない。**

と書いた。あれから 15 年以上も経ってしまった。
少し進歩した部分は認めるが、相変わらず、危機は回避されていない。
約 20 年前、片野はこう書いていた。

- 漢字というのは一つ一つが意味をもっているものです。昔は中等学校でも漢文が重視されていましたから、漢字の成り立ちや意味なども教えられていましたが、いまでは符号みたいになってしまって字義などほとんど考えることをしなくなりました。
【『数学用語と記号　ものがたり』, 片野善一郎著, 裳華房刊, 2003 年】[17]

　令和の現在、「20 年前の片野の言葉が響かない教育界」を憂いているのは筆者だけではないことを祈りたい。

1　関数は「関わる数」ではない　（中 1〜）

　日本では、外国語が導入されると、通常は「カタカナ」で表記する。
「American」は聞こえたとおり「メリケン*3」になるし、「white shirts」
は聞こえたとおり「ワイシャツ」*4 となる。
　一方、英語圏の国は「アルファベット」しか持ち合わせていないから
外来語を「tsunami」「karaoke」などのようにアルファベットで表記する
しかない。これに対し、中国は漢字の国であるから、当然「漢字」で表記
する。

- 「カラオケ」を中国人は「卡拉ＯＫ」と書く。既に述べたように中

---

*3 メリケン粉、メリケン波止場などと使われる。　　　　　　　　　　　【英和辞典】[3]
*4 大人でも誤用する。「T シャツ」は正しいが「Y シャツ」は間違い。【英和辞典】[3]
　 こういうことは今、手を止めて、近くの大人に聞いて見ること。なお、「T 字路」は間
　 違いで「丁字路」が正しい。甲乙丙丁の「丁」である。

1 関数は「関わる数」ではない （中1〜）

国語には表音文字（アルファベットやカタカナのように「意味」は持たず「発音」だけを表わす文字）がないので、表意文字（文字一つ一つが固有の「意味」を持つ文字）である漢字の中から、「カ」や「ラ」に近い発音の文字を拾ってくるしかない。

だから言うまでもなく、この「卡」や「拉」という字の固有の意味を考えてはいけないのである。

たとえば「卡」の意味は「関所」であり「拉」は「引っ張る」という意味だ。では「カラオケ」とは「関所を引っ張る」ことで、それが「OK」なのだから「関所破り」のことに違いない、などと主張したら、どういうことになるか？ 完全にもとの日本語の「カラオケ」の意味を見損なうことになる。

【『逆説の日本史1』，井沢元彦著，小学館刊，1993年】[44]

> たとえば、「夜露死苦」という落書きを見たときに人はどう思うか。
> まさか「夜露に死の苦しみを与えよ」というメッセージだと思う人はいないだろう。ここは、単に「よろしく」と書くよりは、何となく不吉な意味を持つ漢字を選んでふざけているだけなのである。

もちろん、中国に漢字は山ほどあるので、外来語に漢字を当てる場合に意味を込めることができないわけではない。

英語の「function」が中国に伝わったときに「function」の発音から「函数（hánshù）」の字[*5]を当てたという説が一般的であるが、「function」はそもそも、「ブラックボックス」のイメージであるから、きっと意味を込めてくれたと思うのである。

これが日本にそのまま伝わり、「函数」と表記することになったことが東京数学会社雑誌の記録にある。[*6]

実際、古い書物では「函数」を使っている。「函数」は「函（ハコ）」のイメージを上手く使った、まさに「名訳」なのであった。永らく、日本ではこの用語が使用され、定着していた。

ところが、1946（昭和21）年、「函」の字が「当用漢字にない」、という理由で「函数」を「関数」と表記することになってしまった。定着していたものをわざわざ強引に書き換えたのである。

重要なので繰り返す。

[*5] 函は凾の異体字
[*6] 東京数学雑誌第42号付録第6回訳語会議事録中、(68) Perfect number の邦訳を考える議論の中で「草按者（草案者いわく）曰「ファンクション」を 函數 と譯（訳）したれば」という記述あり。

「關数」が「関数」に変わったのではない。

旧字体が新字体に変わったのではないのだ。

「函数」が、音が同じで意味の違う漢字「関数」に変わったのである。これは、「世紀の誤変換」である。

片野はこう書いている。

● ところで、関数は以前は函数と書きました。戦後の昭和33年頃には"関数（函数）"のように並記されていました。"関数"が独り立ちするのはそれから10年後のことです。
　　函数は西洋数学の中国語訳でつくられたものです。
　　function の最初の fun を音訳すると函になるのです。中国語では函数をハンスウと発音します。函というのは、入れものの箱という意味の他に"箱の中に入れるように包む、包み込む、入れる"という意味があり、古い訓では"ふくむ"という意味もあります。
　　── （中略）──
　　函数は 1945 年まで日本でも使われていましたが、戦後当用漢字から函が省かれたので関数と改められたのです。
【『数学用語と記号　ものがたり』, 片野善一郎著, 裳華房刊, 2003 年】[17]

「函数」表記と「関数」表記について、一般書籍と高校数学教科書をいくつか年代順に並べてみる。

種別	書名	発行年	表現
一般	『微分積分學　第一巻』, 藤原松三郎著, 内田老鶴圃	1934(S9)	函数
一般	『解析概論』, 高木貞治著, 岩波書店	1938(S13)	函数
文部省	『学術用語集・数学編』	1954(S29)	関数（函数）
高校教科書	『高等学校数学Ⅰ代数学』, 彌永昌吉著, 東京書籍	1956(S31)	函数（または関数）p.76
一般	『微分と積分』, 遠山啓著, 日本評論社 この書籍の「関数」の説明は秀逸である。一見の価値あり。	1970(S45)	関数
一般	『微分積分學』, 小松勇作, 早川康弌共著, 朝倉書店	1963(S38)	関数（函数）p.26
高校教科書	『高等学校新編数学Ⅰ』, 伊関兼四郎ほか著, 数研出版	1987(S62)	関数

※彌永昌吉は弥永昌吉[*7]とも書かれる。

1956(S31) 年発行の彌永の教科書（東京書籍版）では、「函数（または関数）」と表記されている。1954(S29) 年「学術用語集・数学編」で「関数

---

*7　いやなが-しょうきち【弥永昌吉】[1906〜2006] 数学者。東京の生まれ。東京帝大・学習院大学教授。整数論・代数学・幾何学を研究。日仏の文化交流や平和運動にも積極的に関わる。著作に「幾何学序説」など。
【大辞泉】[2]

1 関数は「関わる数」ではない （中1〜） 57

（函数）」と表すことになったのに、現場では「函数（または関数）」と表記
しているのだ。当時の現場の先生方は意外と「関数」を受け入れ難かった
のかもしれない。

　例えば、「関数」の説明をするために、会話文の中で中学生を登場させて、

- 「でも、関数って言葉を『関』係する2つの『数』と考えると、な
  んとなくわかる」
  「昔は函数って書いたんだって」
  【『これでなっとく！数学入門』, 瀬山士郎著, ソフトバンククリエィティブ刊, 2009年】[30]

と言わせている本もあるが、もう皆さんも気づいただろう。これは「関数」
という訳語が正しいという前提に立って、その字義を無理やり説明してい
る。12ページ*8 と 27ページ*9と同じことがまた起こっているのである。
　片野も

- 関数の関は"つながる、かかわる" という意味ですから、関数は関
  係する数、数の関係ということになります。
  ── （中略） ──
  中学くらいまでの数学なら具体的な数の関係でよいわけですが、現
  在では集合から集合への写像と定義されたりします。
  【『数学用語と記号　ものがたり』, 片野善一郎著, 裳華房刊, 2003年】[17]
  （圏点引用者）

と述べているが、「関数」が正しい訳とした上で、仕方なく苦し紛れにそ
の説明を作っているのだ。大先生にこんな苦労をかけてまで「関数」を残
す意味はない。「関数」はあくまで「函数」である。
　「関数」の字義で「函数」の説明はできないし、してはならない。

　「函」と「関」の字は、その意味するところは全く別のものである。
【字通】[9] によると

☆　　「函」は
　(1)　矢を入れるふくろ、やなぐい　　　　(2)　はこ、ひつ、ふばこ
　(3)　いれる、つつむ　(4)　身を包む武具、よろい
☆　　「関」は
　(1)　もんのかぎ、かんのき

---

*8　「分数に直すことができない（無理な）数が無理数」というわけです。」という佐藤
　　修一の主張。

*9　「数を表すための素になる数が2つあることから、虚数単位を含んで考える数を複素
　　数といいます。」という岩渕修一の主張。

(2) とじる、とざす、ふさぐ、へだてる

(3) せき、せきしょ、駅、宿場　　　(4) ものの関鍵、要所

(5) つらなる、かかわる、関係

(6) 鍵を通す、通す、穿つ、貫く　(7) 彎と通じ、弓引く

である。

　令和の教員と令和の中高生が虚心坦懐[*10]に見比べて、いずれが「適当」か判断してくれれば良い。

　筆者の提案としては、

> 「関数」は直ちに「函数」に改めよ！

の一点である。

　「函」の字が表外漢字であり中高生にとって難しいというなら、函館市の中高生は自宅の住所を漢字で書けないことになる。高校入試の願書の住所欄も漢字で書けないというのか。「そこは例外」というなら数学の教科書の中でも、「函数」を残す（に戻す）べきではないのか。こんなに人を馬鹿にした話はない。[*11]

Coffee Break

雑談：丙午

　筆者は、1966(昭和 41) 年の「丙午」生まれである。「丙午」生まれには特別な謂れがあるため、小さい頃から自分の生まれ年を「十二支」だけでなく、「十干[a]」の方でも覚えているのだが、さて、丙午生まれ以外の皆さんは、自分の生まれ年の「十干」を言えるだろうか。

　つまり寅年なら寅年で、

丙寅、戊寅、庚寅、壬寅、甲寅

のうち、「どの寅」かを言えるだろうかということである。（寅年はこれ以外にはない。つまり、乙寅などは存在しない。意外に大人でも気にしていない人、知らない人は多いかも。中高生は手近な大人や先生に聞いてごらん。）

　とりあえず十二支に関しても、「全部漢字で書け」なんていわれ

[*10] 何のわだかまりもないすなおな心で、物事にのぞむこと。また、そのさま。【大辞泉】[2]

[*11] vi ページ（♠）参照。非常識で攻撃的な表現をご容赦願いたい。

1　関数は「関わる数」ではない　（中1〜）　　　　　　　　**59**

たら困ってしまう人も少なくないだろうし、イマドキの学生にそんなことを聞けば「『十二支』って何ですか」なんて言葉が返ってきそうである。もちろん、「子・丑・寅・卯・辰・巳・午・未・申・酉・戌・亥」のことである。これが時間や方角の呼称にも使用されたことは古典の時間でも学習した通りだ。

　昼の 12 時を「正午」というのは「午の刻」から来ていて、正午の前を「午前」、正午の後を「午後」という。夜中の 12 時（午前 0 時）は「正子[b]」である。

　地球の北極と南極を結ぶ線のことを「子午線」という。

　方角では「北東」のことを「丑寅の方角（艮）[c]」と呼び、他にも「南東は辰巳（巽）」「南西は未申（坤）」「北西は戌亥（乾）」という呼び方もある。合理的で誠にわかりやすい。

　ところが一方、「十干」となると知らない人が多い。
　「十干」とは、「甲・乙・丙・丁・戊・己・庚・辛・壬・癸」の漢字を当てる。
　「木・火・土・金・水」と、「兄、弟」の話に踏み込むと長くなるので、本書では割愛[d]する。あとは国語の先生に聞きに行くように。
　十干を十二支と組み合わせて、10 と 12 の最小公倍数の 60 を"ワンユニット（暦）"として、繰り返されている訳だ。だから、人間が生まれて 60 年経つと、「暦が還る」から、「還暦」といってお祝いする。

【十干十二支の表】

1	甲子	13	丙子	25	戊子	37	庚子	49	壬子
2	乙丑	14	丁丑	26	己丑	38	辛丑	50	癸丑
3	丙寅	15	戊寅	27	庚寅	39	壬寅	51	甲寅
4	丁卯	16	己卯	28	辛卯	40	癸卯	52	乙卯
5	戊辰	17	庚辰	29	壬辰	41	甲辰	53	丙辰
6	己巳	18	辛巳	30	癸巳	42	乙巳	54	丁巳
7	庚午	19	壬午	31	甲午	43	丙午	55	戊午
8	辛未	20	癸未	32	乙未	44	丁未	56	己未
9	壬申	21	甲申	33	丙申	45	戊申	57	庚申
10	癸酉	22	乙酉	34	丁酉	46	己酉	58	辛酉
11	甲戌	23	丙戌	35	戊戌	47	庚戌	59	壬戌
12	乙亥	24	丁亥	36	己亥	48	辛亥	60	癸亥

「庚午年籍」、「壬申の乱」、「辛亥革命」や「戊辰戦争」なんてもの

は全部この「十干十二支」からとっているのだ。

「モノ」の名称には何らかの理由がある。
　「間違い」かもしれないし「勘違い」かもしれないし「誰かの悪意」かもしれないし、「時代的な限界」や「知識的な限界」、命名当時の「権力、圧力」があったかもしれない。しかし、「モノ」の名称には何らかの理由があるのだ。
　この話を読めば、「甲子園球場」のできた年は何年か、もうわかったよね。スマホで調べるのではなく、今述べたことから「自分の頭で考えて」みよう。

　冒頭の余談だが、丙午（ひのえうま）生まれ（特に女性）には悪い迷信があり、1966 年の出生（しゅっしょう）数は前後のそれと比較して異常に少ない。ネットや図鑑で「日本」と「世界」の人口ピラミッドを比べてみれば、出生数の減少が日本だけに起こった現象であることは顕著（けんちょ）にわかる。丙午の噂話（うわさばなし）が明確に日本だけの迷信である証拠だ。
　阪神タイガースが 4 月 5 月に勝ち続けたある年に、ファンが「今年は優勝かも」と口にし、テレビ局が「優勝するかも」という特集番組を組んだところ、9 月からどんどん負けが増え続け、優勝を逃したということがあるらしい。冷静に考えれば、ファンが「今年は優勝かも」と口にすることやテレビ局が特集番組を組むことがチームの勝利に影響を与えることはないはずだ。なのに 2023（令和 5）年は特集番組を控えたという話を聞いた。
日本のお家芸、「言霊（ことだま）」という迷信である[e]。
　さて、次の丙午は 2026 年である。
　予言しておく。
　筆者は次の丙午も、日本は迷信から抜け出せていないと思う。1966 年ほど顕著にはならないだろうが、2025 年、2027 年と比べて 2026 年だけ、出生（しゅっしょう）数が落ちるはずである。この予言はおそらく当たると思う。当たってから大騒ぎしないように。迷信とはそういうものである。

---

[a] 「じゅっかん」の誤植ではない。調べてみよ。

[b] 真夜中。午前零時。太陽が地平線下で子午線を通過する時刻。【大辞泉】[2]

[c] 「良」と字面が似ているが違う。丑寅（うしとら）の方角を鬼門（きもん）と言い、だから鬼は牛の角を持ち、虎のパンツを履いているらしい。

[d] 惜しいと思うものを、思いきって捨てたり、手放したりすること。【大辞泉】[2]

[e] 誤解のないように言っておくが、筆者は言霊を悪いとは思っていない。正しく理解して正しく扱う、ことが重要。正しい知識をもって、必要以上の大騒ぎをしたり、便乗した詐欺商法に引っかからないことが大事である。迷信や

> 言霊のない日本はつまらない。こういったことを含めて、我が愛する祖国、日本である。ちなみに「優勝するかも番組」を控えたのが本当かどうか知らないが、この年、阪神タイガースが見事「アレ」を手にしたことはご承知の通りである。

2　放物線は「物」を「放」つ「線」か（中3〜）

　今、中3や高1で2次関数を普通に勉強している生徒が気づくことは、まずないだろう。同時に、今、現場で教えている先生方も知らない方が多いのではないか。

　「放物線」は、「抛物線」が正しいことを。*12

　筆者も初めから「放物線」と習っていたし、当然その通り教えていたので特段の違和感を覚えたことはなかったが、実は「放」と「抛」は違うのである。

- アポロニウスは円錐を平面で切ったとき、切る平面が円錐の底面と成す角 α が円錐の母線と底面の成す角 θ より"小さいか、等しいか、大きいか"によって異なる曲線になることを発見しました。そして

  $\alpha < \theta$ のとき ellipsis(不足する)、

  $\alpha = \theta$ のとき parabole(一致する)、

  $\alpha > \theta$ のとき hyperbole(超過する)

  と呼びました。これらが楕円 (ellipse)、放物線 (parabola)、双曲線 (hyperbola) の原語になったのです。

  漢字の訳語の方がずっとわかりやすいと思います。

  楕円の楕は木を切ったときの切り株の形、昔は橢円でした。

  放物線は物を放り投げたときに描く曲線、昔は抛物線でした。

  双曲線は昔は雙曲線で、雙は"ふたつ、そろえる"という意味で、上の右図のように（引用者註　図は省略）切り口が対称になることからつけられたものです。

  【『数学用語と記号　ものがたり』, 片野善一郎著, 裳華房刊, 2003 年】[17]

  （圏点および改行は引用者）

　円錐曲線の話は高3にならないとピンとこないだろうが、楕円（橢円）と双曲線（雙曲線）は異体字を使用しているだけで、意味は変わっていない。

---

*12 52 ページ（♣）で一度触れた。

今問題にしているのは「放物線」だけだ。これまた歴史を紐解くと、*13

→【東京数学会社雑誌 第 62 号】では
(68) Parabola の邦訳は「抛物線」となっている。

→【SŪGAKU YAKUGO】では
Paraboloid の邦訳は「抛物線体」となっている。

二つの漢字の意味を調べればすぐわかる。【字通】[9] によれば

☆　「放」─　「はなつ　はなす　ならう」
(1)　はなつ、おう、さる、しりぞける、つきはなす
(2)　ほしいまま、ときはなす、のべる、ひろげる、あらわす
(3)　おく、すておく、やめる
(4)　倣と通じ、ならう、まねする、のっとる、にかよう
☆　「抛」─　「なげる　なげうつ　すてる」
(1)　なげうつ、なげとばす　　(2)　すてる　なげすてる」

である。

2 次関数のグラフは、「物をなげたときの軌跡」なのである。この「なげ
る」は「放」ではなく、「抛」だ。
厳密に分けるならば、

- 「橋の上から自転車を放り投げる」とき (そんなことしちゃいけません) に
描く曲線が「放物線」で、
- 「遠くにボールを抛げる」ときに描く曲線が「抛物線」

なのだ。

この意味で、明治の先生方の漢字の使い方はまことにもって正確このう
えない。

> たとえば「數學」が「数学」になったからといって誰も怒らない。本質は変わって
> いないからだ。ところが「救急車」の「救」が常用漢字表になくなった場合に、今
> 後は「旧急車」と改める、と発表されたら、みんな、おかしいと思うだろう。その
> 上、「旧急車」とは「旧くから急いで走る車なのだ」と説明する人がいたらおかしい
> と思うだろう。
> 「関数」も「放物線」も、そういうことをやっているから問題なのだ。

────────────
*13 53 ページで書いたが、高校教科書で楕円を「だ円」と表記した時代があった。これも
「表外漢字は使えない」という縛りから来ていたのだが、現在は解消している。やれば
できるのである。

3 降べき、昇べき、方べきの罪（高1〜）

3.1 降べきの順、昇べきの順

中学の教科書では、「べき」の用語そのものが登場しない。
高校の教科書で初登場し、

（C 社）

多項式を、ある文字に着目して項の次数が低くなる順に整理することを**降べきの順**に整理するといい、項の次数が高くなる順に整理することを**昇べきの順**に整理するという。

などと書かれている。他社も似たり寄ったりである。
「昇べき」を併記していないものもあった。
『降』の字にルビを打っているものがいくつかあった。
また、「べき」についての説明をした高校教科書はなかった。
言うに言えない大人の事情があるのだろうが、説明の順序は

　　　「昇べき」「降べき」の記述　→　「累乗」と「指数」の記述

となっている。中学で「指数」という用語は既習であるのだから、説明の順序を逆にすればよいのにと思う。

「べき」は本来、「冪」または「羃」、あるいはそれを省略して「巾」の字を使う。常用漢字の壁である。漢字が難しいので、生徒には

　　　「隠す」
　　　「見せない」
　　　「調べる意欲のある生徒しかわからないようにする」

というまことに親切でおせっかいな配慮がなされるのだ。
「幕（まく）」という漢字は小学校6年生で履修する常用漢字で、教育漢字で、漢検は「五級レベル」である。この字の上に「わかんむり（冖）」や「あみがしら（罒）」を書くことが、中高生にとって難しいというのか。
ふざけてもらっては困る。[*14]

もし、筆者が「他教科の教科書でも、冪のひらがな表記を許さない」と主張するなら行き過ぎとの誹（そし）りはあるかもしれない。常用漢字、教育漢字

[*14] vi ページ（♠）参照。非常識で攻撃的な表現をご容赦願いたい。

の意味がなくなってしまうからだ。しかし、これは高等学校の数学における専門用語である。

　中高生をあまりに馬鹿にした話ではないだろうか。

　かくして、不自然な交ぜ書き「降べきの順」が教科書で堂々と闊歩（かっぽ）することになる。

　「降べきの順」を説明した直後の教科書のあちらこちらに例題や練習として

　「降べきの順に整理せよ」「降べきの順に整理せよ」

　「降べきの順に整理せよ」「降べきの順に整理せよ」

　降べき　の順に　整理せよ　。°。°

と書かれているのが目障りでしょうがない。「交ぜ書き」が不愉快（個人の感想です）なのだ。みんな、気にならないのだろうか。

　教科書でルビを打つことは技術的に可能なのだから、ルビつきで「冪」の説明をして、「以上、終わり」で良いのではないか。その後に「降冪」「昇冪」が出てきたら、高校生は「考える」のではないか。高校生よ、違いますか！？

　今の教科書は

　　　人を階下へ運ぶ動く階段のことを降（くだ）りエスカレータという。
　　　人を階上へ運ぶ動く階段のことを昇りエスカレータという。

と説明し、「エスカレータ」の説明がないのと同じである。

　もう一度、教科書を見てみる。

（C 社）（再掲）

　多項式を、ある文字に着目して項の次数が低くなる順に整理することを**降べきの順**に整理するといい、項の次数が高くなる順に整理することを**昇べきの順**に整理するという。

どうだろう。説明の仕方がおかしくないか。

　はじめに、

　　　「冪（べき）」というのは、例えば「a^3」における「3」のことで、「指数」ともいいます。

3 降べき、昇べき、方べきの罪（高1〜）　　65

と説明し、

> 「では、次の多項式を「降冪の順」「昇冪の順」にそれぞれ整理して
> みましょう。

という問題を解かせれば良いのではないのか。
　この説明で

> 「先生、「降冪」「昇冪」ってなんですか」

という質問が出るのか？

先生　「エスカレータ」とは人を建物の各階に運ぶ「動く階段」のことで
す。ではこれから、昇りエスカレータで移動をしましょう。

高校生　先生、上の階にいくんですか、下の階にいくんですか？

　——漫才じゃないか。
　そんな会話、おかしいだろう。それともそこまで日本の高校生の日本語
のレベルは下がっているというのか。馬鹿にするにもホドがある。

→【SŪGAKU　YAKUGO】では
> Ascending Power の邦訳は「昇冪」、
> Decsrndeong Power の邦訳は「降冪」となっている。

　明治19年当時は当たり前にきちんと漢字で表現している。これが邦訳
に挑んだ明治の先生方の「選んだ漢字」なのである。旧字体は新字体に直
すべきだし、誤訳ならば直す必要があるが、そうでないものを勝手に変え
てはいけない。

> 「函数」を「音だけ同じ」の漢字に変えて「関数」にし、
> 「抛物線」を「音だけ同じ」の漢字に変えて「放物線」にし、
> その一方で「昇冪」「降冪」を勝手に「昇べき」「降べき」に変える

ことに、会議で誰も何も言わなかったのか。[15]
　勝手に「交ぜ書き」や「かな書き」に変更した責任者を今更どうするつ
もりもない。ただ、元の語義、元の字義に戻してほしいと、それを願うば
かりである。

> ● ところで、戦後に当用漢字というのが定められて数学用語もそれを
> 使うように改められたわけですが、累乗は以前は“冪”といってい
> ました。
> —（中略）—
> 西洋数学の中国語訳の数学書では冪が使われていました。

---

[15] vi ページ（♠）参照。非常識で攻撃的な表現をご容赦願いたい。

―― （中略）――

冪はあまり使わない字だから当用漢字から削除されてしまい、現在
は仮名や"巾"を使っています。

【『数学用語と記号　ものがたり』，片野善一郎著，裳華房刊，2003 年】[17]

（圏点引用者）

　片野はこのあと、「果たしてこういう用語（冪）を教える必要があるの
か疑問に思います。」と結んでいるが、筆者は「冪」は残すべき*16だと考
えている。それは、次の「方べきの定理」にも名前が残っていることも一
つの理由である。「冪」の復権を望むところである。

3.2　方べき

　さて、「方べきの定理」である。いや、ここではもう「方冪」と書くこと
にしよう。なぜこれが「方冪」なのか、何の意味があるのか。先生方はそ
の説明を生徒にされることはあるだろうか。

　「背理法」の指導の中で「矛盾」という言葉が出てくるが、「矛盾」の由
来になった「例の話」を簡単に説明されるのではないだろうか。

　一方で「方冪の定理」はなぜ「方冪」と呼ばれるのかを生徒に話される
だろうか。失礼を承知で指摘させてもらえれば、知らないから説明しない
のではないだろうか。実際、教科書にもその理由は載っていない。

　「方冪の定理」は英語で「power theorem」という。まさに、「冪（power）
の定理」である。つまり、「英語の意味をそのまま訳したもの」である。で
はなぜ、一般的に言われる

　　　　「方冪の定理 $PA \cdot PB = PC \cdot PD$」

には、「冪（累乗、指数）」がつかないのだろうか。

　さあ、高校生、このページに指を挟んで、これを今すぐ数学の先生に質
問にいくのだ。日本の数学用語を変えるために協力してくれ！

---

*16 ふざけているわけではない。この「べき」は「漢字」にはできない。これは助動詞「べ
し」の活用形のひとつである。

3 降べき、昇べき、方べきの罪（高1〜）

雑談：キロキロと。。。

雑談：キロキロと。。。

いつだったか、

「単位の仕組みは
「キロキロとヘクトデカけたメートルが、デシに追われてセンチミリミリ」
って覚えなさいって、学校で教えてもらったよ。」

という話を筆者は母親から聞いた。

筆者は学校では習わなかった。母は、このことを小学校で聞いたと言っていたように記憶している。小学校の先生が立派だったのか、当時はそのことを教えるのは当たり前だったのか分からないが、とにかく母は知っており、筆者は学校で習っていなかったから知らなかったのだ。それは、こういう表のことだ。

種類	k キロ	h ヘクト	da デカ	m 基準	d デシ	c センチ	m ミリ
長さ	km キロメートル	hm ヘクトメートル	dam デカメートル	m メートル	dm デシメートル	cm センチメートル	mm ミリメートル
重さ	kg キログラム	hg ヘクトグラム	dag デカグラム	g グラム	dg デシグラム	cg センチグラム	mg ミリグラム
容積	kL キロリットル	hL ヘクトリットル	daL デカリットル	L リットル	dL デシリットル	cL センチリットル	mL ミリリットル
面積	ka キロアール	ha ヘクトアール（ヘクタール）	daa デカアール	a アール	da デシアール	ca センチアール	ma ミリアール
bel	kB キロベル	hB ヘクトベル	daB デカベル	B ベル	dB デシベル	cB センチベル	mB ミリベル
気圧	kPa キロパスカル	hPa ヘクトパスカル	$daPa$ デカパスカル	Pa パスカル	dPa デシパスカル	cPa センチパスカル	mPa ミリパスカル

（※）筆者と同年代の諸氏は知らない方も多いかもしれないが、ℓ（リットル）の記号は平成23年、ℓ から L に変わった。教科書の記号は、指導内容とともに意外と変わっているのである。

これらのうち、現実的に使用するのに適切な値だけが「教科書に載る」のである。たとえば、「長さ」においては「cm（センチメートル）」は実用的で必要な単位である。

- 手のひらの端から端の長さを表すのに、
- りんごの大きさを表すのに、
- 机の端から端の長さを表すのに、

m（メートル）と mm（ミリメートル）しかないとすれば若干不便である。

「da m デカメートル」があれば便利だと思う場面はないわけではないが、結局人々の自然な取捨選択によって淘汰されていき、今の単位が生き残ったのであろう。

　そもそも単位は、このように規則的に作ってあるのであって、その中から必要に応じて取捨選択されているのだと理解すれば忘れにくい。

　ところで筆者は漢字の世界も結構好きで、趣味が高じて「日本漢字能力検定準一級」を取得しているのだが、これらの単位はすべて漢字でも表現できることになっている。

　「準一級」ともなれば日常使わない漢字も数多くあるので奇妙な難読漢字も多くあるのだが、たとえば「糎」の読みが出題されれば、「せんちめーとる」とひらがなで読みを書けば正解となる。

種類	千 キロ	百 ヘクト	十 デカ	一 基準	分 デシ	厘 センチ	毛 ミリ
長さ	粁 キロメートル	粨 ヘクトメートル	籵 デカメートル	米 メートル	粉 デシメートル	糎 センチメートル	粍 ミリメートル
重さ	瓩 キログラム	瓸 ヘクトグラム	瓰 デカグラム	瓦 グラム	瓧 デシグラム	甅 センチグラム	瓱 ミリグラム
容積	竏 キロリットル	竡 ヘクトリットル	竍 デカリットル	立 リットル	竕 デシリットル	竰 センチリットル	竓 ミリリットル

　これも非常に規則的に単純に漢字が割り当てられているので、比較的覚えやすい（ただ、「粉（デシメートル）」の読みを書け、という問題は「こな」と答えられてしまうとマルをせざるを得ないので出題されないと思うが）。

　知ってしまえば簡単な理屈で、覚えやすくもあるのだが、こういう世界にまで授業では踏み込む時間がない、若しくは教える側がそこまでマニアックでないために、生徒達は「知る」機会を奪われているのが現状である。

　教えてもらったのに覚えられない、できない、のはある程度教わる側の問題だが、「教えない」「知らせない」のは教える側の問題である。

　キロの上にはメガ、ギガ、テラ、と続き、ミリの下にはピコ、ナノ、と続く。これらは 10^3 ずつ増え、あるいは減っていく。これに対して漢字では 10^4 ずつ名称が変わっていく。この違いはどこから来るのだろう。

4 背理法は「理」に「背く」のか（高1〜）

背理法について、教科書ではどのように説明されているのか。

> **（A社）**
>
> ある命題に対して、その命題が成り立たないと仮定して矛盾が生じることを示すことにより、もとの命題を証明する方法がある。このような証明方法を**背理法**という。

他社も同じようであるが、長くなるので割愛する。

書籍や辞書ではどうだろうか。

- 背理法とは、もしそれが成り立たないとして矛盾を導き、それを証明する方法である。
  【『なっとくする無限の話』，玉野研一著，講談社刊，2004年】[23]
- はいり-ほう【背理法】　■
  〔論〕（reductio ad absurdum ラテン）ある命題の否定を真とした場合にそこから不条理な結論が出ることを明らかにして、原命題が真であることを証明する仕方。間接証明。間接還元法。帰謬（きびゅう）法。　　　　　　　　　　　　　　　【広辞苑 [1]】
- はいり-ほう【背理法】　■
  ある判断を否定し、それと矛盾をなす判断を真とすれば、それから不条理な結論が導き出されることを明らかにすることによって、原判断が真であることを示す証明法。帰謬（きびゅう）法。間接還元法。間接証明。　　　　　　　　　【大辞泉 [2]】

「背理法」という訳語を聞けば「理」に「背く」と読むのが漢字圏の理解である。初めて学ぶ者は、「なのに何で証明ができてしまうの？」という不思議な感覚を持ってしまわないか。

当然、先人はこれに気づいている。

- 背理法の背理というのは"道理に背く"という意味の言葉です。あまりいい名称ではないという人もいますが、これも英語の直訳だと思います。英語に absurd（不合理な、道理に反した、不条理）という言葉がありますが、背理法はラテン語で reductio ad absurdum といいます。直訳すると"不合理へ導く"となります。藤沢利喜太郎は absurd を"背理ノ"と訳していますが、reductio absurdum は"ツジツマ合ハヌ（辻褄合わぬ、つまり筋道が通らないということ）"と訳しています。
  【『数学用語と記号　ものがたり』，片野善一郎著，裳華房刊，2003年】[17]

片野はこうも述べている。

- 背理法は昔は帰謬法といいました。謬は"事実と違ったこと、間違い"ということで、帰はこの場合は"〜へ導く"という意味です。背理法より帰謬法の方が本来の意味に近いかもしれません。
  藤沢利喜太郎はすでに背理という訳をしていたのですが、当時の旧制中等学校の数学教科書ではすべて"帰謬法"が使われていました。戦後、現在の当用漢字が制定されて謬が省かれたので背理法が復活したというわけです。
  【『数学用語と記号　ものがたり』，片野善一郎著，裳華房刊，2003 年】[17]
  （圏点引用者）

高校生にとっては「誤謬」という言葉は確かに易しくはないかもしれない。「謬」と書かせることに反対の意見を持つ人もあろうかとは思う。

しかし、である。
学ぶのは高校数学である。コドモの遊びではない。

その専門用語に登場する「謬」という字が難しいので避けようというのはまことにもって愚の骨頂である、と断じざるを得ない。社会に出ればどうせ専門分野の漢字は必要になる。文系も理系も関係ない。漢字検定二級を超える専門用語は山ほどある。医学や看護、日本史や国文学などは、とんでもない漢字を山ほど覚える必要があろう。
何を甘えたことを言うか。

学校が、教科書が、教師が、見せてやって、教えてやって、伝えてやるのが当然で、*17初めから

「隠す」
「見せない」
「調べる意欲のある生徒しかわからないようにする」

のはマトモな大人のやることではないと思う。
ぜひ、学ぶ側の中高生の皆さんの意見を聞いてみたい。

この国では現在、

「可憐」が「可れん」になり（ちっとも可憐な感じがしない）
「終焉」が「終えん」になり（おえん？　と読んでしまう）
「完璧」が「完ぺき」になっている。（こんな熟語がカンペキといえるのか？）

---

*17　「やってみせ　言って聞かせて　させてみて　ほめてやらねば　人は動かじ」という名言を残したのは山本五十六である。爪の垢を煎じて飲め、といえば言葉が過ぎるか。

4 背理法は「理」に「背く」のか（高1〜）　71

　以前は「ら致」だったものが昨今は「拉致」になるなど進化が見られ、新聞やテレビでも「交ぜ書き」を避けて難しい漢字や熟語ににルビを打って使用する風潮も出てきたので[*18]ひと頃よりはマシになったようだが、各マスコミ、新聞社でもいろんな制約に縛られているようだ。

　「學」を「学」に直すなど、画数の多い旧字体を新字体に直していくことはある程度合理的だと理解するが、熟語の一文字だけを平仮名にしたり、必要な漢字や言葉を無くしてしまうことは日本語文化の弱体化を勧める悪の教育であるように思えてならない。一体、誰の意思、狙いなのだろうか。

　そんなにかんじがいやならば、いっそぜんぶひらがなにしてしまうのもひとつのてだし、nan-nara ro-maji ni sitesimaeba douda. ro-majini sitesimaeba haiku mo tanka mo komarudarou.　seimei handan datte nakunatte simauzo.

　hontouni ro-maji de suugaku no sikou ga dekirunoka.

　Tatoeba 「aru handan wo hiteisi soreto mujun wo nasu handan wo sintosureba sorekara hujouri na keturon ga mitibikidasarerukoto wo akiraka ni surukoto niyotte genhandan ga sindearu koto wo simesu syoumeihou 」ha yomete rikai dekirunoka.

―――――――――――――――――――――――― 主張 5 ―

> 　人間の思考は母国語によって行われる。
> 　日本の母国語には漢字が使われている。
> 　中高生対象の数学用語に間違った漢字が含まれた状態で、初学者の中高生に正しく思考せよと言うには無理がある。
> 　まず、正しい漢字に直すべきである。

中高生の皆さん、どうだろうか。

　　「私らどうでもええねん」
　　「点が取れて単位が取れたらそれでええねん」
　　「帰謬法でも背理法でもどっちでもどうせわからん」

という人もあるかもしれない。

　　「なるほど、スッキリした」
　　「謬の字くらい、なんとか覚えるし、帰謬法にしよう」

[*18] マスコミ関係者で「交ぜ書き」に心を痛めている人は多いだろう。止むに止まれぬ大人の事情や前例主義、厄介（やっかい）な「漢字使用にあたっての手引き」、あるいはパワハラ上司により人知れず歯軋（はぎし）りをしている関係者も少なくないと信ずる。同志よ、筆者は応援しているぞ。日本から「交ぜ書き」をなくすために、共に闘い、頑張ろうではないか！

「背理法ってなんか気持ち悪かったんだよね。」

という人は1割にも満たないかもしれない。しかし、

「なんとしても帰謬法は許さない。阻止する。」
「常用漢字を何と心得るか。国語審議会を舐めるな。」
「当時の状況も知らない者が偉そうに。」
「歴史の重みを知らずに語るんじゃない。」

という中高生はいるだろうか。

（そんな年寄りがいてもそれは放っておけばよい。抛ってはいけません。）

　積極的な、建設的な反対意見がないなら、

$$\boxed{\text{「背理法」は直ちに「帰謬法」に改めよ！}}$$

過去に「背理法が復活」したのだから、今度は「帰謬法が復活」することも可能なはずである。

5　「共役」の読み方（高2〜）

　共役複素数という用語を習いたての頃、「きょうやく」と読むのか「きょうえき」と読むのか悩んだ記憶がある。ふりがながなかったからだ[*19]。

　現在は調べた5社すべての教科書でふりがなが振られている。ふりがなを振らなくてはならないのは、「きょうえき」と読む生徒を出さないための配慮であろう。以下に示す本稿の提案、主張が実現すれば、このふりがなは不要となる。

　共役（きょうやく）複素数とは、a, b を実数とするとき、「$a + bi$ に対する $a - bi$」、「$a - bi$ に対する $a + bi$」のことをいう、つまり、「相方（あいかた）」のことを指すのだ、ということだけなので「覚えればオワリ」、なのだが、読み方の気持ち悪さは残った。調べてみると、この気持ち悪さの原因は、またまた常用漢字の壁なのであった。

　本来は、「共軛（きょうやく）」が正しい[*20]。「軛（やく）」は訓読みで「くびき」と読む。牛車（ぎっしゃ）の横棒のことである。「$a + bi$ と $a - bi$」を「共軛複素数」とすれば「軛（くびき）」

[*19]『高等学校新編数学 I』，伊関兼四郎ほか著，数研出版刊，1987年）[40] にはふりがなが振られていない。筆者が高校1年生だった1982年、ふりがなはなかったはずだ。

[*20]「軛」という字は常用漢字ではないが、「厄介」が読めるので「厄」は読める。であれば高校生ともなればふりがなはなくとも「共軛」は読める。これが漢字の力である。

5 「共役」の読み方（高2〜）

のイメージがぴったりである。本来は「軛」と「轅」*21でセットで覚えるものだろう。

一方、「役」の字に「軛（くびき）」の意味はない。発音が同じ「ヤク」であるだけだ。函数のとき、抛物線のときと同じだ。こんなことをしていいのか。許されるのか。発音が同じなら漢字はなんでもいいのか。こんなことがまかり通るから生徒の理解の妨げになるのではないのか。*22

ちなみに【広辞苑】[1] では

きょう-やく【共役・共軛】　■

（「共軛」は 軛 をともにして車を引くの意。「共役」は書きかえ字）
（conjugate）...（以下略）

とあるし、

→【SŪGAKU YAKUGO】では

Harmonic Part の邦訳は「共軛點」となっている。

（これは平面図形上の等角共軛点（等角共役点）のことを指すと思われる。共軛複素数とは関係ないが、字義は同じではないかと思うので引用した。）

広辞苑には『「共役」は書きかえ字』と書いているが、教科書には書いてない。なんで生徒に知らせないの？

「隠す」
「見せない」
「調べる意欲のある生徒しかわからないようにする」

ってこと？

誰が悪いの？
書こうとしない教科書の執筆者？　（知らないはずはない）
執筆者は書いたのに教科書出版社が止めたの？　（検定を通らない？）
教科書検定（文科省）が止めたの？　（学習指導要領？）
それとも数学のエライ先生への忖度？　（数学側の遠慮？）

---

*21 《「長柄」の意》馬車・牛車などの前方に長く突き出ている 2 本の棒。先端に 軛 をつけて牛や馬にひかせる。　　　　　　　　　　　　　　　　　【大辞泉】[2]

*22 本稿の執筆中に令和 6 年 1 月の共通テストを迎えたが、国語の問題で牛車のイラストが出ていた。ネットで調べてもらえればわかるだろう。軛の位置を示した引き出し線の先にははっきりと「軛」の漢字が載せられている。「役」ではない、「軛」である。数学の教科書では使わないのに国語のテストでは使うのだ。国語では「首木」などとは書かない。「読みが同じで意味の違う漢字は使わない」のだ。もしこれが「国語では許すが、数学ごときには許さない」という誰かの意向ならば「差別」となり、数学用語の決定者側の意向であれば「愚挙」となる。いずれも適当ではなかろう。

それとも誰かの圧力？　（横槍を入れてくる団体がある？）

> 「共役」は直ちに「共軛」に改めよ！

というのが筆者の主張である。令和の数学教員がどうでもよい、と思うのは勝手で自由で、反論もあってよい。

　筆者は、自身の思うことをここに書き残しておく。筆者が死んでから、50 年後、100 年後にもう一度しっかりと読んで、筆者の意見を批評してくれればよい。それが「炯眼」*23 なのか「馬鹿」なのか、歴史が答を出すだろう。

　明治の先人が苦労して作った「名訳」が、常用漢字の壁のために破壊され、不自然な数学用語が創作され、一読してそのイメージができないばかりか、別のイメージを持ってしまう。日本の中高生を苦しめている現状は、「日本漢字能力検定協会 日本語教育研究所 第 21 期客員研究員」の一人として慙愧*24 に耐えない。誠に申し訳ない。

Coffee Break

　雑談：「discover」は「発見」である

　中学生の時に「discover」という単語を覚えた。「discover、発見、discover、発見、discover、発見、、、」と書いたり口ずさんだりして覚えた。しかし、後になって「discover」という単語は、「dis」と「cover」に分けられ、それぞれ「否定」と「覆い（カバー）」という意味である事を知った。「カバー」を「外せ」ば「発見」に至るのは当然の理だから、なあんだ、と思ったのを覚えている。

　中学の時の英語の先生にこの事を教わった記憶はない。その時たまたま欠席していたか、先生の説明を聞いていなかったのだろうと思うが、とにかく「discover」という単語を覚えるにあたってそういう発想をしていなかったのは事実だ。そう教わらなかったのだし、自分で気づくことができなかったので先のような機械的な暗記方法になったのも止むを得なかった。

　世界中の多くの言語に、二つ以上の言葉をつなげて作られてできている単語はあるだろう。例えば英語には「impossible」「outlaw」などのように、組み合わせを知ればその意味が想像できる英単語がある。当然のことだが、そういう「単語の構造」を教えるのも教員の指導内容のひとつであろう。

---

*23 物事をはっきりと見抜く力。鋭い眼力。慧眼。　　　　　　【大辞泉】[2]
*24 自分の見苦しさや過ちを反省して、心に深く恥じること。　【大辞泉】[2]

5 「共役」の読み方（高2〜）

　日本語も例外ではなく、2文字以上の「漢字」を使って命名された名詞や動詞は、基本的にその漢字から意味を想像することができる。「豪雨」「大雨」「小雨」[a] と聞けば一定の年齢以上になればそのイメージがつくはずだ。日本語は、漢字を見ればその言葉の内容はわかるように作られている。たとえば中学生あたりなら「籠球」「蹴球」「闘球」「庭球」がそれぞれ何を表すか、というクイズだって、漢字を見れば答えを想像できるのである。一方「鉛筆」は例外の一つで、鉛筆の芯に鉛は含まれていない。言語というものはこのような例外ももちろんあるものである。しかし、数学用語にこういう例外を多く残すことは問題である。

　どこにも無理のない無理数と、虚しくない虚数、理に背かない背理法を駆使しなくてはならない高校数学を正しく理解するために、まず本書をしっかりと読み、単調な練習を愚直に繰り返すことにより、その楽しさを「discover」してほしい。

---

[a] 漢字の読みは難しい。こうして並べると自分の「雨」の字の「読み方」が自然に変わっていることに気づくだろう。日本語を勉強する外国人が困るのは一匹、二匹、三匹、の「匹」の読み方が全て変わることだ、と聞いたことがある。四匹、五匹、六匹はなんと読めば良いのか、その法則がわからないというのだ。なるほど、いつ我々は「匹の読み方」についての法則を教わったのか、記憶がないほど自然に読めるようになっている（いつどこでどう教わったのか記憶がないのに身についていること、これを「常識」という）。この意味で、日本はもちろん、世界中の子供たちがその地方の正しい方言や言い回しを継承していることに驚きと感動を隠せない。言語とは面白いものである。教育とは面白いものである。それだけに、数学を教育するための用語には慎重にならなければならない。

第4章

風格と起源

　本書は、数学用語の「誤訳」をその根拠とともに紹介し、「直すべきものは直す」ことを主張するものである。

　しかし、誤訳の用語全てを直せ、と極論するわけではない。結果的に時代に受け入れられて定着してしまったものまで変えろというつもりはない。

　ここでは、受容すべき用語を見ていく。

1 幾何学と代数学の風格（中2〜）

1.1 幾何学

　中学生当時の筆者は、「幾何学」という用語を初めて耳にしたときに「幾<ruby>幾<rt>いく</rt></ruby>つか」「何<ruby>何<rt>いく</rt></ruby>ばく」の「学問」で、どうして「図形」を表すのか、長らく疑問であった。当時の教員からの説明はなかったと思う。

　そもそも英語の「geometry」は「geo―地形」「metry―測る」であるから、「土地の測量」を意味している。これが中国に入ったときに、geometryの「geo」の「発音」から「几何（jǐhé）」の文字を当てたようで、これが日本に輸入されるときに「幾何学」と変わったとの説が有力である。つまりこれは「発音が同じような字を当てた」式の中国語訳の輸入であり、「幾何」に直接「図形」の意味はないのである。

　【東京数学会社雑誌 第29号】にも、中川將行の

> 点線面の理論を講ずる学問の方は英語で「ジヲメトリー」というが、邦訳では「幾何学」としている。「幾何学」は字義としては全く適当ではないが、広く世間に長きにわたって使用されているので、これが不適当であるとは思われない。
>
> （圏点引用者）

という発言内容の記事がある。

　中国から輸入した「幾何学」は、その字面から「図形」をイメージしにくい。しかし、「幾何学」という言葉のもつ歴史と重さ、風格の前に、筆者はこれを「図形学」と言い換えようとは思わない。[*1]

1.2　代数学

　一方、「代数」はどうだろうか。

- 代数は文字通りに "数の代わりに文字を使って演算する数学" だと理解できます。ところが、代数は英語の algebra の訳語ですが、algebra には代数という字義は全くないのです。
  　中国語訳をつくった宣教師や中国人数学者は、こういうことを承知の上で、あえて algebra を音訳せず、代数と訳したということになります。数の代わりに文字を使って演算をするので代数という用語が適当と考えたのだと思います。
  【『数学用語と記号　ものがたり』, 片野善一郎著, 裳華房刊, 2003 年】[17]
  （圏点引用者）

つまり

英語		中国語訳	日本語訳
function	→ 音訳→	函数	函数→関数
geometry	→ 音訳→	几何	幾何
		中国語の「几」は日本語で「幾」と書く。	
algebra	→ 意訳→	代数	代数

ということだ。
ただ、やや複雑な事情があったようで。

- 幾何はもともと和算になかったので文句無しに中国語訳を受け入れたわけですが代数はそうはいきませんでした。和算には點竄術という筆算式の代数に相当する計算があったものですから、algebra の訳語としては代数より點竄の方がよいと主張した人たちがいてかなり議論が戦わされたようです。
  ── （中略） ──
  algebra の語源の al-jabr の本来の意味は "つけ足す、補足" という意味ですから、確かに字義の上から考えれば代数でなく點竄の方が

[*1] ユークリッド図形学、非ユークリッド図形学、初等図形学、ではなんとも締まらない。

1 幾何学と代数学の風格（中2〜）

適しているといえないこともないわけです。
―― （中略）――
しかし東京数学会社の訳語会では"點竄は書くのが面倒だ" とか、
"アルゼブラの原語をそのまま訳して十分あてはまる訳語をみつけるのは難しい"とか、"中国語訳が代数になっていて多くの数学者がすでに代数を採用しているので、改めるとかえって混乱を起こす" といった意見が出されて代数に決まったというわけです。
もし點竄などと訳されていたら生徒は迷惑したと思います。
【『数学用語と記号　ものがたり』，片野善一郎著，裳華房刊，2003 年】[17]
（圏点引用者）

片野の言う通りで、【東京数学会社雑誌 第 43 号】に「點竄」か「代数」かの議論の様子が紹介されている。
漢字検定準一級の合格者である筆者は、常々漢字の大切さを実感しているし、数学用語にも少々難しい漢字なら使用すべきとの強い主張を持っている者である。
しかし、モノには限度というものがある。

「點竄」は勘弁してくれ。明治の先生方、「點竄」反対派の先生方、ありがとうございました。最大の敬意を表します。

というわけで、「代数学」もこのままでいくことを提案する。

しかし、こういったことからも明治の先生方が真剣に数学用語のことを、未来の中高生のことを考えてくれていたのだと胸が熱くなる。それだけに、いくつかの誤訳を正すことはまさに我々に残された大きな宿題だと思う。
先人も同じ意見だ。

- 会長の「まえがき」にしるされているとおり，ここに示す用語は，これを強制するのではなく，提案するのである。最近当用漢字にも改正案が発表されたように，学術用語も世論に従って定められていくのが最も自然と思われる。
  【『学術用語集・数学編』，文部省，1954 年】[38]
- 学問はたえず進歩発達してゆくものですから、最初に使った用語が現在の内容をすべて適切に表すなどということは考えられないわけです。
  いずれ、より適切な用語を選定することも必要かもしれません。
  【『数学用語と記号　ものがたり』，片野善一郎著，裳華房刊，2003 年】[17]
  （圏点引用者）
- 然し、我々はこの翻訳に感謝こそすれ、兎や角批判し得る立場にはない。―― （中略）――従って、誤訳の問題は、我々に残された宿題と

見るべきであろう。

【『虚数の情緒』，吉田武著，東海出版刊，2000 年】[19]
（圏点引用者、8 ページの再掲）

♡　　♡　　♡　　♡　　♡　　♡

■それでもどうしても無理というなら。。。
　本書冒頭に述べたように、誤訳の問題に気づいたのは筆者が初めてではなく、筆者以上に知識経験の豊富な先生方や、若くて優秀な先生方のご指摘が山ほどある。本書はそれらを、私見を交えてまとめたにすぎない。誤訳の問題はもっと早く改正すべき課題であったが、いまだに改正されておらず、日本の中高生は多大なる迷惑を 被 っているのが実情である。

　本書は、「数学用語の誤訳の修正」を強く訴えるものである。しかしそれでも文科省が、「文科省の立場として」は、本書で主張する誤訳の修正について「どうしてもできない」というのなら、せめて教科書の該当ページの欄外に、例えば
　「有理数」の定義をするページの欄外に、

　　　『有理数』という用語は誤訳の可能性が指摘されており、みちはた
　　公司氏などにより用語の改正を訴える意見は後を絶ちません。しか
　　し今更変えるのは大変なので、『有理数』という用語について文科
　　省では
　　　　「たとえ誤訳であったとしても気にせずにこのままでいく」
　　こととなっています。生徒の皆さんは『有理数』が誤訳であっても、
　　くれぐれも誤解をすることのないように学習を進めましょう。
　　　詳しくは、『無理数は、どこが無理なのか』（みちはた公司著）〔パ
　　レードブックス刊〕に書いてあります。学校の図書館にもあると思
　　いますのでぜひ、該当ページを参照してください。

と書いてくれるのであればギリギリの妥協点とすることとしよう。
　用語の修正をしないならしないで、立場をはっきりとさせ、方針を明確にし、反論を読ませる余地を残す。これこそ、文科省の「太っ腹」「度量の大きさ」を天下に示すとともに、「『ミチハタのような雑魚』は相手にしない」という、文科省の揺るぎなき姿勢の主張につながる。
　これを読んだ優秀な中高生がどちらが正しいのか判定し、「さすが文科省」と大いに共感し、将来の文科省と日本を背負って立つのだ。
　良いことだらけではないか。

1 幾何学と代数学の風格（中2〜） 81

もちろん、
「無理数」の定義をするページの欄外に、

> 『無理数』という用語は誤訳の可能性が指摘されており、みちはた公司氏などにより用語の改正を訴える意見は後を絶ちません。しかし今更変えるのは大変なので、『無理数』という用語について文科省では
> 「たとえ誤訳であったとしても気にせずにこのままでいく」
> こととなっています。生徒の皆さんは『無理数』が誤訳であっても、くれぐれも誤解をすることのないように学習を進めましょう。
> 詳しくは、『無理数は、どこが無理なのか』（みちはた公司著）〔パレードブックス刊〕に書いてあります。学校の図書館にもあると思いますのでぜひ、該当ページを参照してください。

と書き、
「絶対値」の定義をするページの欄外に、

> 『絶対値』という用語は誤訳の可能性が指摘されており、みちはた公司氏などにより用語の改正を訴える意見は後を絶ちません。しかし今更変えるのは大変なので、『絶対値』という用語について文科省では
> 「たとえ誤訳であったとしても気にせずにこのままでいく」
> こととなっています。生徒の皆さんは『絶対値』が誤訳であっても、くれぐれも誤解をすることのないように学習を進めましょう。
> 詳しくは、『無理数は、どこが無理なのか』（みちはた公司著）〔パレードブックス刊〕に書いてあります。学校の図書館にもあると思いますのでぜひ、該当ページを参照してください。

と書き、
「整数部分」の定義をするページの欄外に、

> 『整数部分』という用語は誤訳の可能性が指摘されており、みちはた公司氏などにより用語の改正を訴える意見は後を絶ちません。しかし今更変えるのは大変なので、『整数部分』という用語について文科省では
> 「たとえ誤訳であったとしても気にせずにこのままでいく」
> こととなっています。生徒の皆さんは『整数部分』が誤訳であっても、くれぐれも誤解をすることのないように学習を進めましょう。
> 詳しくは、『無理数は、どこが無理なのか』（みちはた公司著）〔パレードブックス刊〕に書いてあります。学校の図書館にもあると思いますのでぜひ、該当ページを参照してください。

と書き、
「虚数」の定義をするページの欄外に、

> 『虚数』という用語は誤訳の可能性が指摘されており、みちはた公司氏などにより用語の改正を訴える意見は後を絶ちません。しかし今更変えるのは大変なので、『虚数』という用語について文科省では
> 「たとえ誤訳であったとしても気にせずにこのままでいく」
> こととなっています。生徒の皆さんは『虚数』が誤訳であっても、くれぐれも誤解をすることのないように学習を進めましょう。
> 詳しくは、『無理数は、どこが無理なのか』（みちはた公司著）〔パレードブックス刊〕に書いてあります。学校の図書館にもあると思いますのでぜひ、該当ページを参照してください。

と書き、
「複素数」の定義をするページの欄外に、

> 『複素数』という用語は誤訳の可能性が指摘されており、みちはた公司氏などにより用語の改正を訴える意見は後を絶ちません。しかし今更変えるのは大変なので、『複素数』という用語について文科省では
> 「たとえ誤訳であったとしても気にせずにこのままでいく」
> こととなっています。生徒の皆さんは『複素数』が誤訳であっても、くれぐれも誤解をすることのないように学習を進めましょう。
> 詳しくは、『無理数は、どこが無理なのか』（みちはた公司著）〔パレードブックス刊〕に書いてあります。学校の図書館にもあると思いますのでぜひ、該当ページを参照してください。

と書き、
「相反方程式」の定義をするページの欄外に、

> 『相反方程式』という用語は誤訳の可能性が指摘されており、みちはた公司氏などにより用語の改正を訴える意見は後を絶ちません。しかし今更変えるのは大変なので、『相反方程式』という用語について文科省では
> 「たとえ誤訳であったとしても気にせずにこのままでいく」
> こととなっています。生徒の皆さんは『相反方程式』が誤訳であっても、くれぐれも誤解をすることのないように学習を進めましょう。
> 詳しくは、『無理数は、どこが無理なのか』（みちはた公司著）〔パレードブックス刊〕に書いてあります。学校の図書館にもあると思いますのでぜひ、該当ページを参照してください。

と書き、
「級数」の定義をするページの欄外に、

> 『級数』という用語は誤訳の可能性が指摘されており、みちはた公司氏などにより用語の改正を訴える意見は後を絶ちません。しかし今更変えるのは大変なので、『級数』という用語について文科省では
> 「たとえ誤訳であったとしても気にせずにこのままでいく」
> こととなっています。生徒の皆さんは『級数』が誤訳であっても、くれぐれも誤解をすることのないように学習を進めましょう。
> 詳しくは、『無理数は、どこが無理なのか』（みちはた公司著）〔パレードブックス刊〕に書いてあります。学校の図書館にもあると思いますのでぜひ、該当ページを参照してください。

と書くということであり、また、

「関数」の定義をするページの欄外には、

『関数』という用語は使用されている漢字が適切でないとの指摘があり、みちはた公司氏などにより用語の改正を訴える意見は後を絶ちません。しかし今更変えるのは大変なので、『関数』という用語について文科省では
　本来の意味を正しく表した漢字が別にあったことは認めた上で、しかも現在の日本では 2010 年 (平成 22 年)11 月 30 日告示の常用漢字表の「前書き」で、「各種専門分野や個々人の表記にまで及ぼそうとするものではない」との記述があることから常用漢字以外を用いることが特に規制されているわけではない、ことを重々承知した上で、
　　「今のところ、意味なんかどうでもいいので発音、読みが同じ常用漢字で代替する」
こととなっています。生徒の皆さんは本来の漢字とは違う漢字が使われている用語について、くれぐれも誤解をすることのないように学習を進めましょう。
　詳しくは、『無理数は、どこが無理なのか』(みちはた公司著)〔パレードブックス刊〕に書いてあります。学校の図書館にもあると思いますのでぜひ、該当ページを参照してください。

　と書き、
「放物線」 の定義をするページの欄外には、

『放物線』という用語は使用されている漢字が適切でないとの指摘があり、みちはた公司氏などにより用語の改正を訴える意見は後を絶ちません。しかし今更変えるのは大変なので、『放物線』という用語について文科省では
　本来の意味を正しく表した漢字が別にあったことは認めた上で、しかも現在の日本では 2010 年 (平成 22 年)11 月 30 日告示の常用漢字表の「前書き」で、「各種専門分野や個々人の表記にまで及ぼそうとするものではない」との記述があることから常用漢字以外を用いることが特に規制されているわけではない、ことを重々承知した上で、
　　「今のところ、意味なんかどうでもいいので発音、読みが同じ常用漢字で代替する」
こととなっています。生徒の皆さんは本来の漢字とは違う漢字が使われている用語について、くれぐれも誤解をすることのないように学習を進めましょう。
　詳しくは、『無理数は、どこが無理なのか』(みちはた公司著)〔パレードブックス刊〕に書いてあります。学校の図書館にもあると思いますのでぜひ、該当ページを参照してください。

　と書き、
「共役」 の定義をするページの欄外には、

『共役』という用語は使用されている漢字が適切でないとの指摘があり、みちはた公司氏などにより用語の改正を訴える意見は後を絶ちません。しかし今更変えるのは大変なので、『共役』という用語について文科省では
　本来の意味を正しく表した漢字が別にあったことは認めた上で、しかも現在の日本では 2010 年 (平成 22 年)11 月 30 日告示の常用漢字表の「前書き」で、「各種専門分野や個々人の表記にまで及ぼそうとするものではない」との記述があることから常用漢字以外を用いることが特に規制されているわけではない、ことを重々承知した上で、
　　「今のところ、意味なんかどうでもいいので発音、読みが同じ常用漢字で代替する」
こととなっています。生徒の皆さんは本来の漢字とは違う漢字が使われている用語について、くれぐれも誤解をすることのないように学習を進めましょう。
　詳しくは、『無理数は、どこが無理なのか』(みちはた公司著)〔パレードブックス刊〕に書いてあります。学校の図書館にもあると思いますのでぜひ、該当ページを参照してください。

　と書き、

1　幾何学と代数学の風格（中2～）　　　　　　　　　　　　　　**83**

「降べきの順、昇べきの順、方べきの定理」の定義をするページの欄外
には、

　　　『降べきの順、昇べきの順、方べきの定理』という用語は「本来使
　　　用すべき漢字が使用されておらず、交ぜ書きが非常にだらしない、み
　　　っともない、はしたない、情けない、とんでもない」との指摘があり、
　　　みちはた公司氏などにより本来使用すべき漢字を使用することを
　　　訴える意見は後を絶ちません。しかし今更変えるのは大変なので、
　　　『降べきの順、昇べきの順、方べきの定理』という用語について文
　　　科省では
　　　　　　「常用漢字外の漢字であって、かつ文科省が『中高生にとって
　　　　　　難しい漢字』であると判断する漢字（文科省以外の団体および個人の判断は
　　　　　　一切許さない）の使用されている用語については、その部分だけを
　　　　　　ひらがなにした「交ぜ書き」で表すものとする」
　　　こととなっています。生徒の皆さんは「交ぜ書き」の用語について、
　　　くれぐれも誤解をすることのないように学習を進めましょう。
　　　　詳しくは、『無理数は、どこが無理なのか』（みちはた公司著）〔パ
　　　レードブックス刊〕に書いてあります。学校の図書館にもあると思
　　　いますのでぜひ、該当ページを参照してください。

　と書き、
「背理法」の定義をするページの欄外には、

　　　『背理法』という用語は「昔から使用していた表現に戻すべきであ
　　　る」との指摘があり、みちはた公司氏などにより用語の改正を訴え
　　　る意見は後を絶ちません。しかし今更変えるのは大変なので、『背
　　　理法』という用語について文科省では
　　　　「もー、めんどくさいしこのままでいく」
　　　こととなっています。生徒の皆さんは外野のザコの意見に惑わされ
　　　ることのないように学習を進めましょう。
　　　　詳しくは、『無理数は、どこが無理なのか』（みちはた公司著）〔パ
　　　レードブックス刊〕に書いてあります。学校の図書館にもあると思
　　　いますのでぜひ、該当ページを参照してください。

　と書くということである。

　これが、用語改正を行えない場合の、筆者のギリギリの妥協点である。

Coffee Break

雑談：三日月

　中高生にとって、以下の話はどのくらい「常識」であろうか。

- ここでクイズを一つ、織田信長の殺されたのは天正 10 年（1582）6 月 1 日（正確には 2 日未明）であるが、この日、京都は闇夜だったかどうか？
そんなの天気がわからない限り答えようがない、と言った人はすべて不正解である。昔の暦を知っている人にとっては、こんな簡単な人を馬鹿にした問題はない。
答えは、闇夜である。少なくとも月は出ていない。ネオンも何もない当時、月が出ていないければ、夜は闇である。
では、どうして月が出ていないとわかるのか。一日（ついたち）だからである。
太陰暦は月の満ち欠けに合わせた暦である。だから 1 日、2 日は「月がほとんど欠けて」見えない。三日目に初めて「少し見える」。この状態を「三日月（みかづき）」という、そして 15 日目には「月」は必ず満ちる、すなわち満月となる。十五夜である。だから、昔のカレンダーでは月の 3 日は必ず三日月であり、15 日は満月である。15 日だから必ず外は明るかったとは言えないが（天気が悪いこともある）、1 日だから闇夜だったとは確実に言えるのである。
ひょっとしたら光秀が謀反（むほん）を決意したのも、この日が闇夜だったことも関係しているかもしれない。
　　　　　　【『逆説の日本史 1』，井沢元彦著，小学館刊，1993 年】[44]

　筆者は、歴史の勉強なんて、ただただ歴史的事実を暗記するばかりの勉強だと思っていたから、面白みも感動も感じる余裕がなかった。月の満ち欠けやその名前についても人並みの知識はあったものの、信長の死んだ日についてそんな見方ができることを初めて知った。上のように説明されればよく分かるし、忘れない。何より他への応用が効く。

　たとえば十五夜のあとは十六夜月（いざよいづき）、立待月（たちまちづき）、居待月（いまちづき）、寝待月（ねまちづき）、更待月（ふけまちづき）と続く。

　立待月（たちまちづき）は別名十七夜、「たちまち着く」に関連づけて当時、「飛脚」のことを「十七屋（じゅうしちや）」と呼ぶ隠語（いんご）[a]があったとか[b]。

　中学、高校時代に数学が面白くなかった、わからなかった、という経験をもつ人たちを救う手立てはなかったのか。
　どういうアプローチをすれば届いたのか。

どういう説明がよかったのか。

何か数学を遠ざける理由があったのだとしたらそれを取り除いてあげることはできなかったのか。

♡　　♡　　♡　　♡　　♡　　♡　　♡

現在の中高生で同じ悩みを持つ生徒たちを救う方法はないだろうか。

本書がその救いになれないだろうか。

誰しも「理論がわからない」、「理解できない」という限界はいずれ訪れるのであるが[c]、せめて「用語の取り違えや勘違いから数学を嫌いになる」ことのないように、用語の変更は何としても行わなくてはならない。

「訴えはしたけれども実現はできなかった筆者の世代」が偉そうに言えることではないが、それが明治の先人から課せられた令和の教員たちへの宿題である。

筆者があと 300 年、今と同じクオリティの授業をすることができるならさらに教壇で訴えても行くが、どう長く見積もっても残り 10 年はない。

もう、待ったなしなのである。

---

[a] 特定の社会・集団内でだけ通用する特殊な語。　　　　　　　　【大辞泉】[2]

[b] 《陰暦十七夜の立ち待ち月を「忽（たちまち）着き」ともじって》江戸日本橋室町にあった飛脚屋。　　　　　　　　　　　　　　　　　　　　　【大辞泉】[2]

[c] こう言うと「けしからん」という反対意見が多数飛んで来そうであるが、理解することのできる限界は誰にでもある。筆者にもある。

2　法線の起源（高 3〜）

この節は、高校数学を学習した、または今後学習する予定の人が必要となる内容となるので、数学を職業とする人や高校生以外は読み飛ばして構わない。もちろん、拒むものではないので意欲ある中学生はぜひチャレンジしてみてほしい。

直線のベクトル方程式を表すときに出てくるのが「方向ベクトル」と「法線ベクトル」である。「方向ベクトル」の方は「direction vector」であるから自然な訳といえるが、「法線」とはどういう意味か。これが、私が初めて習ったときの感想である。だから、「方向ベクトル」を「$\vec{d}$」と表す、のはなんとなく受け入れられるが、「法線ベクトル」を「$\vec{n}$」で表す、といわれても気持ち悪さが残った。

自分の知っている日本語の語彙の中にないものは頭にスッと入ってこない。それが、本来ある日本語を知らないだけなら自分が悪いといえるが、本来日本語にないものを「そういうのだから覚えろ」「定義だから覚えろ」といわれてもやはり抵抗感がある。これは、日本語の感覚が鋭い人は同意してくれるのではないか。

辞書によると、法線の定義は

法線【ほうせん】 ■
　　〔数〕（normal）曲線上の一点において、この点における曲線の接線に直交する直線。 ──（後略）── 　　　　　　　【広辞苑】[1]

と書かれる。これは、「法線」と呼ばれるものが何を表しているかの説明ではあるが、なぜ「垂直＝法」なのかの答えにはなっていない。[*2]

「法」は普通、

法【ほう】 ■
　　1。おきて。定め。秩序を維持するための規範。
　　2。ある決まったやり方。一定の手順。
　　3。「法学」「法科」の略。
　　──（後略）── 　　　　　　　　　　　　　【大辞泉】[2]

という意味で理解している。「法」には「垂直」の意味はない。これは普通の正しい日本語を使用している中高生にとっては、「常識」である。

後にも細々とした意味はあるし、他の専門辞書を調べればもっと色々出てくるだろう。しかし、中高生が学ぶ数学用語にそんな難しいケッタイなコジツケが必要な漢字を選ぶ必要はさらさらない。むしろ害悪ですらある。

先の【広辞苑】[1] の記述が、

> **法線【ほうせん】** ■
> 　　〔数〕（<u>vertical</u>）曲線上の一点において、…

であれば、

　　　　ヘェ～、「法」には「垂直」という意味があるのか

と思える。勉強になった、と思える。しかし「normal」ではまたまた立ち止まってしまう。

[*2] 本来、辞書の役割はそういうものなので、そこに文句を言っているわけではない。

2 法線の起源（高3〜）　　**87**

　　　「normal」は「普通」じゃないか。なんで「普通＝垂直」？

これが常識ある中高生の普通の反応であろう。
　本当ならここで、

> 「法線ベクトル」は直ちに「垂直ベクトル」に改めよ！

と言いたいところだが、「法線ベクトル」と邦訳されたのはどうやら次の
ような事情によるようだ。

【シップリー英語語源辞典】[6] によると、

- ラテン語の norma は「大工の曲尺（定規）」のことで、そこか
ら「模範、規準」という意味が生まれた。
　── (中略) ──
この語から極めて多くの言葉が育ってきた。例えば、normal
（標準の、正常な）、normality（正常、規定度）、
　── (中略) ──などである。── (後略) ──

　　　　　　　　　　　　　　　　　　　　　（ふりがなは引用者）

ということである。
　確かに、大工さんの持っている定規（曲尺）はL字型で、直角のイメー
ジである。したがってラテン語の norma、すなわち英語の normal は、「直
角」の意味をもつ。だから英語圏の人は「normal vector」に「直角」の意
味を感じることができるのだろう。
　この「normal vector」を中国では「法」と訳した。

　　中国語の「法」には「模範」という意味がある。（【中日辞典】[7]）
　　中国が英語の「normal vector」を訳すときに、英語のもつ「模範」という意味から
　　「法」という漢字を選択したのかもしれない。

　日本はこれを直輸入したのであろう。日本語の「法」には「模範」とい
う意味はないので、日本語で「法線」＝「垂直」と聞くと、日本語に敏感
な生徒は違和感を覚えるのであろう。

言語	用語	意味1	意味2	数学的意味派生
ラテン語	norm	曲尺	模範	
英語	normal		模範	直角
中国語	法線		模範	直角
日本語	法線			なぜ直角？

　用語の作られた流れを教科書に書いてくれるとよいのになあ。こんな感
じで。

> ### 方向ベクトルと法線ベクトル
>
> 直線と同じ向き（傾き）のベクトルを **方向ベクトル** といい、$\vec{d}$ で
> 表す。これと垂直なベクトルを **法線ベクトル**[a]といい、$\vec{n}$ で表す。
> direction vector
> normal vector
>
> ───────────────
>
> [a] normal の語源はラテン語の norm（大工の曲尺）であるので、normal は
> 「直角」「模範」という意味をもつ。中国語の「法」には「模範」という意味
> があり、中国では normal line を「法線」と訳した。日本はこれをそのまま
> 輸入したという説がある。

3 用語の整理2（【中国語語源】編）

　これまでの用語の問題を中国語語源に関する部分について改めて整理し
てみる。専門家の先生方には反論もあるかと思うが、ここは大まかな流
れとして中高生にわかってもらうことを主目的とするため、ご容赦願い
たい。

■中国が英語を音訳したもの

幾何　geometry
→　　中国が音訳して「几何」を採用
→　　中国語の「几」は日本語で「幾」と書くため、日本では「幾何」と
　　　書き直して採用、そのまま定着
→　　誰も「幾何」の漢字の意味を考えなくなるほど威厳を持って定着

■中国が英語を音訳かつ意訳したもの

関数　function
→　　中国が音訳かつ意訳で中国語で「函数」を採用
→　　日本では「函数」をそのまま採用、「函の数」と読めた（事実）
→　　そのまま定着し、正しい理解ができていた（と思われる）
→　　<u>「函」の字が当用漢字から外れる</u>（事実）
→　　「関数」に変更（事実）
→　　「関わる数」などと読んで定着

共役　conjugate
→　　中国が音訳かつ意訳で中国語「共軛」を採用
→　　日本に「共軛」をそのまま採用、「軛」と読めた

3 用語の整理 2（【中国語語源】編） 89

→ そのまま定着し、正しい理解ができていた
→ 「軛」の字が当用漢字から外れる（事実）
→ 「共役」に変更（事実）
→ 「役」には「くびき」の意味はないが、多くの人は特に問題に感じずにそういうものだと理解して定着
→ 教科書にはいつからかふりがなが振られるようになった。

■中国が英語を意訳したもの

虚数　imaginary
→ 中国が音訳ではなく意訳で中国語「虚数」を採用
→ 日本では「虚数」をそのまま採用、「虚しい数」と読めた
→ 違和感を持ったまま、そういうものだと理解して定着

代数　algebra
→ 中国が音訳ではなく意訳で中国語「代数」を採用
→ 日本は「代数」をそのまま採用、定着（←「點竄（てんざん）」派の抵抗あり）
→ 「代数」の漢字の持つ意味が適切だったので無理なく定着

法線　normal
→ 中国が音訳ではなく意訳で「模範」という意味の中国語「法線」を採用
→ 日本は「法線」をそのまま採用するも、「法線」の意味はよくわからない
→ その後、「法線」＝「垂直」の意味で定着

冪　power
→ 中国が音訳ではなく意訳で「力」という意味の中国語「冪」を採用
→ 日本は「冪」をそのまま採用、定着
→ 「冪」の字が当用漢字から外れる（事実）
→ 一部、「巾」も使用したが、教科書では平仮名の「べき」を使用（事実）
→ 「降べき」「昇べき」「方べき」の交ぜ書きを生み、その形で定着
→ 教員でさえ「方べき」の漢字も意味も考えなくなった？

放物線　parabola
→ 中国が音訳ではなく意訳で中国語「抛物線」を採用
→ 日本は「抛物線」をそのまま採用、「物を抛げたときの線」と読めた
→ そのまま定着し、正しい理解ができていた
→ 「抛」の字が当用漢字から外れる（事実）
→ 「放物線」に変更（事実）
→ 漢字の意味が変わるのに、そのことには触れずに「物を放（ほお）ったときの線」と説明

→ 「物を放（ほお）ったとき」の軌跡も確かに2次曲線となるので、多くの人は特に問題に感じずに理解して定着

背理法 contradiction

→ 中国が音訳ではなく意訳で中国語「帰謬法」を採用
→ 日本に「帰謬法」をそのまま採用、「謬（あやま）りに帰する法」と読めた
→ そのまま定着し、正しい理解ができていた
→ 「謬」の字が当用漢字から外れる（事実）
→ 「背理法」に変更（事実）
→ 「理に背く法」となってしまうが、多くの人は特に問題に感じずにそういうものだと理解して定着

表 4.1　中国語をそのまま輸入した用語

英語		中国語訳	日本語訳
geometry	→ 音訳→	几何	幾何
function	→音訳かつ意訳→	函数	函数→関数
conjugate	→音訳かつ意訳→	共軛	共軛→共役
imaginary	→ 意訳→	虚数	虚数
algebra	→ 意訳→	代数	代数
normal	→ 意訳→	法線	法線
power	→ 意訳→	冪	冪→べき
parabola	→ 意訳→	抛物線	抛物線→放物線
contradiction	→ 意訳→	帰謬法	帰謬法→背理法

3 用語の整理 2（【中国語語源】編） 91

Coffee Break

雑談：思われたら負け

同僚との会話の中で、冗談半分に「思われたら負け」という言葉をよく使った。
人はときに、

「○○はよく遅刻する」
「○○は礼儀知らずだ」
「○○は律儀だ」
「○○は嘘つきだ」

などの評価をしたり、されたりする。

例えば「○○はよく遅刻する」という場合に、実際に何回遅刻したかを数えてみると、多いには違いないのだが、そこまで突出していないということがある。同じように遅刻している人もいるのに、その人だけが「遅刻が多い」という印象を持たれる場合がある。

このとき、我々は「思われたら負け」と言っていた。

自分はそんなつもりでなくても、人から、周りからそう思われるということは、その時点で「反論」は「言い訳」になる、「負け」だ、ということだ。

筆者が数学から学んだことは

「正しいことは、いつ、誰がやっても正しい」
「困った時も、自分で正しいと確認した事実を積み重ねていけば必ず解決に近づける」
「揣摩憶測[a]は、失敗への道である」

ということである。

数学の問題を解くときは、五里霧中[b] のまったく手のつけられない問題でも、問題文の中から「間違いなく成り立つこと」を書き出していくことが正解への道筋のヒントとなる（解けるかどうかは別問題だが）。しかし途中で、「勘違い」や「思い込み」、計算ミスがひとつでも入ると、正解からは遠ざかっていく。こういう経験を積み重ねることで、「間違いなく成り立つこと」を積み上げることに自然と軸足を置くようになった。

人は何か悪いニュースを聞いた時、それが本当かどうかロクに調べもせずに頭から信じ込んでしまい、人を判断したり非難したりする場合がある。

「○○は　〜　だそうだ」「　〜　をやったらしい」という噂が

立った時に、そうでないならジタバタしたくない。

批判の当事者が必死で否定することは美しくない。

こういう時は周りの判断を待つ。周りの人間 100 人に聞いてみればよい。周りの人間が「〇〇はそんな人間じゃない」と言ってくれるか、「やっぱりやりやがったか」と言われるか。自分が本当にそんなことしたかどうか、とか、そんなつもりではなかった、とか、そういうことではなく、周りの判断が「真実」[c]になるということである。

具体例をあげるなら

「〇〇が△△さんに『ミスばっかりしやがってこのクソガキが！ ボケ！』と暴言を吐き、殴りかかったらしい」

という噂が立ったときに、周りの人間に

「そんなはずななかろう。私の知っている〇〇さんはそんな言い方はしないし、そんな乱暴なことはしない。何かの間違いだろう」

と言ってもらえるか、

「〇〇ならそのくらいのことは言うだろう、するだろう。」

と思われる[d]かの違いである。

相手が間違っている場合や意見が異なる場合、必要なことは言わなくてはならないし、主張はしなくてはならない。それでも反対意見が出る時、わかってもらえないときはある。人は皆それぞれの「正義」で生きており、「正義」が異なるから意見が違うのだ。

「正しいことをしているのだから、時間が経てば分かってもらえるはずだ。わかってもらえなければわかってもらえるのを待つしかない。わかってもらえるまで時間がかかる場合もあるだろうし、中には最後までわかってくれない人もあるだろう。」

そう考えてじっと時を待つ。

「それでも地球は回る」[e]という言葉に代表されるように、根拠をもって考えた正しいことは、国や時代が認めなくても、いつかは報われるものであることは歴史が示している。

中高生の皆さん、君たちの周りに嫌な人はいるかな。あるいは意見の違う人がいるかもしれない。数学と違って、人間関係や友人関係の振る舞いには正解が一つということはないから、意見がぶつか

3 用語の整理2（【中国語語源】編） 93

ることだってあるだろう。でも、自分の中で正しいと考えていることは守って欲しい。ただそのとき、本当に自分の意見が正しいかの点検は必要だ。客観的な点検さえしていれば、正しいと思うことを貫いてよいだろうと思う。山の上のパン屋とか森の中の蕎麦屋とか、本当に美味しい店はどこにあっても繁盛するというたとえがあるが、あなたが本当に人に必要とされる人材になれば、周りが放っておかない。

小林一三^fは

> 「下足番を命じられたら、日本一の下足番になってみろ。そうしたら、誰も君を下足番にしておかぬ。」
> 「金がないから何もできないという人間は、金があっても何もできない人間である。」

と言った。[g]

自分を磨け、若者よ。
そのためには、数学の知識がないよりはあった方がよいだろう。

---

[a] 自分だけの判断で物事の状態や他人の心中などを推量すること。当て推量。
[b] 方向を失うこと。物事の判断がつかなくて、どうしていいか迷うこと。

以上、【大辞泉】[2]

[c] 「事実」と「真実」は違う、らしい。たとえば A 君と B 君がふざけていてガラスを割った場合、「ガラスが割れた」のは「事実」で、「B 君が押したから」は A 君にとっての「真実」、「先に A 君がちょっかいをかけてきたから」は B 君にとっての「真実」、のように使うらしい。「事実」は一つ。「真実」は人の見方によってそれぞれ違う、らしい。「噂を人がどう思うか」は人によって違うので「真実」というのかな。うまく説明できないが、たとえば「三角形の内角の和は 180°」などを筆者は「数学的事実」とは言うが、「数学的真実」とは言わない。
[d] 普通、こっちの方は口には出さない。みんな、思ってても言わない。
[e] イタリアの科学者ガリレイ（Galileo Galilei）の言葉。地動説を唱えて宗教裁判にかけられ，自説を撤回して赦免された彼が，退出しながら言ったと伝えられる。
[f] こばやし-いちぞう【小林一三】［1873 ～ 1957］実業家。山梨の生まれ。阪急電鉄・宝塚少女歌劇・東宝映画を創立。政界にも進出し、商工相・国務相を歴任。　　　　　　　　　　　　　　　　　　　　　【大辞泉】[2]
[g] これが、32 ページで話した「範」の話である。誰かが必ず見ていてくれる。

第5章

具体的提言

1 素数（中1〜）

1.1 素数の定義

　筆者が初めて習った頃は素数の定義を

　　　「1と自分自身以外で割り切れない自然数。ただし、1は除く」

と教わっていたと思う。

　　　「以外で割り切れない」が二重否定で分かりにくい
　　　「ただし、1は除く」の部分が美しくない、潔（いさぎよ）くない

と感じていたのを覚えている。
　令和7年度用見本の教科書では、素数の定義は次のように書かれている。

> **（A社）（中1）素数**
>
> 　1とその数のほかに約数がない自然数を**素数**（そすう）といいます。ただし、1は素数に含めません。

> **（E社）（中1）素数**
>
> 　自然数をいくつかの自然数の積で表すとき、2や3のように、1とその数自身の積でしか表せない自然数を**素数**（そすう）という。いいかえると、素数とは、1とその数自身のほかに約数がない数である。ただし、1は素数ではない。

第 5 章 具体的提言

> ### （C 社）（中 1）素数
>
> 　2、3、5、7 のように、それよりも小さい自然数の積の形には表すことができない自然数を**素数**という。
> ただし、1 は素数にふくめない。素数は、約数が 2 個しかない自然数である。

（圏点引用者）

　三者三様で、筆者の習った頃とは様変わりしている印象を受ける。「割り切れない」という表現から「約数」「自然数の積」という表現に変わっている。

　特に、（C 社）の

　　　「約数[*1]が 2 個しかない自然数」

というのは新しい説明で、海外の文献で見たことはあるが、この定義の仕方が最も短く簡潔でわかりやすい。自動的に 1 を外すからだ。

　ただ、なぜ「独り立ち」させなかったか。二つの定義を書く必要はないと思われるが。

　今後は、素数の定義はこの一本に統一すべきである。

- 5 のように二つの因数に分けられない数を「素数」と言っている。素数とは二つの因数の積として表しえない整数を指して言う。
　　　　　【『日本の数学事典』，上野富美夫著，東京堂出版刊，1999 年】[12]

というのもまた、良い表現であると思う。因数の定義がないことは問題だが、約数と因数が同じだといってしまえばこれも非常にすっきりしている[*2]。

　一つの用語を定義をするのに、易しく、短く、美しいものを選ぶ努力を、教える側が怠ってはならない。

1.2　約数の個数による分類

　自然数の「正の約数」の個数を表にすると、以下のようになる。

[*1]　正確には「正の約数」。

[*2]　彌永は、「（a, b を自然数とするとき）a が b で割り切れるとき、a は b の倍数である、b は a の約数または因数であるという」と書いている。彌永の「主張」はいつの間に誰がどこへ葬り去ってしまったのか。　　　　　　　（圏点引用者）
　　　　　【『高等学校数学 I 代数学』，彌永昌吉著，東京書籍刊，1956 年】[39]

1　素数（中1〜）

表 5.1　自然数と正の約数の個数（1）

自然数	正の約数	正の約数の個数
1	1	1 個
2	1, 2	2 個
3	1, 3	2 個
4	1, 2, 4	3 個
5	1, 5	2 個
6	1, 2, 3, 6	4 個
7	1, 7	2 個
8	1, 2, 4, 8	4 個

これを「正の約数の個数」ごとに並べ変え、38 まで調べるとこうなる。

表 5.2　自然数と正の約数の個数（2）

正の約数の個数	自然数
1 個	1
2 個	**2, 3, 5, 7, 11, 13, 17, 19, 23, 29, 31, 37**
3 個	4, 9, 25
4 個	6, 8, 10, 14, 15, 21, 22, 26, 27, 33, 34, 35, 38
5 個	16
6 個	12, 18, 20, 28, 32
7 個	
8 個	24, 30
9 個	36

　そうすれば「正の約数がちょうど 2 個」のところに素数が並ぶことに気づくだろう。

　もちろん 1 は自動的に素数から外れる。

　同時に「正の約数が 3 個以上のもの」を「合成数」と呼ぶ、と付け加えてしまえばよい。

　こういう「気づき」を与える表なのである。こうすると、

　　　　「正の約数がちょうど 3 個になるのは平方数か」

　　　　「いや、16 は平方数だが正の約数は 5 個だ」

　　　　「36 は 9 個だ」

「じゃあ、素数の平方数なのかな」

という会話が生まれ、「正の約数がちょうど7個になる最小の自然数を求めよ」という問題[*3]も生徒が作るだろう。益の大きい表である。

Coffee Break

雑談：割り箸の恩

　生徒が昼食時に職員室を訪ねてくる。

　　「先生、お弁当のお箸を忘れたんですけど、割り箸ありませんか」

　まあ、ちょくちょくある話である。
　保護者が入れ忘れたのか、自分で弁当を作って自分で入れ忘れたのか、とにかく、ありがちな間違いである。食堂へ行けば譲ってもらえるだろうが、そのためだけにわざわざ食堂へ行くのも面倒であろうし、私だって予備の割り箸の一膳や二膳は持っているから、「ああ、ええよ」と一膳渡してやる。

　　「ありがとうございます」

　まあ、ちょくちょくある話である。よくある光景である。そして、普通はこれでお話は終わりである。

　ところが、この生徒は次の日、お礼を言いに職員室にやってきた。

　　「先生、昨日はありがとうございました。」

　そう言って、割り箸を二膳、差し出したのである。

　驚いた。感激した。
　確かに、学校にお弁当のお箸を持っていくのを忘れることはあるだろう。そのとき、担任の先生などに割り箸をもらうことはあるだろう。
　割り箸一膳のことで「返してくれ」とも言いにくいし、しかしながらそんなことが続けば先生自身の割り箸がいつかなくなってしまう。先生は、お箸を忘れたみんなのために割り箸を用意しているのではなく、自分が使うためにおいているのである。これをどんどん生徒にもっていかれたらたまらない。
　理屈は確かにそうである。割り箸を渡す方からすれば、返しにくる生徒もほとんど居ないし、割り箸は「渡し損」であることは確か

[*3] 答は数学の先生に聞いても良いが、高校生なら自力で解答できるだろう。数人で取り組めば解決すると思われる。先生に頼らずにチャレンジすべき。

である。しかし、そんなことはとっくにあきらめているのであり、当然自腹であるものの必要経費であり、生徒が不便を回避できたのであればまあそれはそれでよかったじゃないか、という程度の認識であった。

　ところが、「二膳」である。おそらくそのような先生の気苦労を慮(おもんぱか)ったのであろう保護者が、子供に二膳の割り箸を持たせたのである。

　感動した。
　割り箸代が浮いた、返ってきたことが嬉しいのではなく、その気遣い、心遣いが嬉しかった。素晴らしいお礼だと感激した。
　この話を教室で生徒たちに話した。

　別に割り箸代が惜しいとか、みんなも割り箸を二膳返せとか言っているのではない。こういう小さな細やかな気遣いができることは、非常に大切で、人間の評価をぐんと上げるものだよ、気遣いのできる人間になりなさい、そういう趣旨で話した。
　ところがこの話の数日後、割り箸を忘れて職員室にやってきた生徒があった。いつもどおり渡してやった。
　すると翌日、この生徒は割り箸を持って職員室に返しに来た。意味ありげな不敵な笑みを浮かべたその生徒の手には、三膳の割り箸が握られていた。

　　　　　「いや、そういうことやないねん」

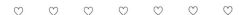

　この話には後日談がある。この話、何かの折に妻にも話したことがあった。こんな保護者もある。こういう気遣いもある。たかが割り箸と言えば失礼だが、たったこれだけのことで心が温まる。妻も感激し、いたく気に入っていた。
　さて、数日後、妻が息子にお弁当を作った。ところがなんと、お弁当にお箸を入れ忘れたのだ。息子が帰ってきて、

　　　　　「お母さん、今日のお弁当にお箸が入ってなかったで。」
　　　　　「え、ごめ〜〜ん、で、どしたん？」
　　　　　「先生が割り箸くれはった」

　妻は「ここだ〜〜！！」と思ったらしい。早速翌日、息子に割り箸を二膳持たせ、「先生にお礼言って渡しといで」と言って送り出した。果たして帰ってきた息子に妻が「どうやった、先生に割り箸二膳渡したか。」と聞くと、

　　　　　「ううん、一膳しか渡してへん」
　　　　　「なんでやのん、二膳渡したやん」

「だってお母さん、今日もお箸入れるの忘れてたもん」

2 素因数分解と因数分解（中3〜）

2.1 素因数分解

令和7年度以降使用予定の教科書見本の表記を見てみよう。

> **（A社）（中1）素因数分解**
>
> 1と素数以外の自然数は、1より大きい自然数の積で表していくと、最後には、素数だけの積で表すことができます。また、最後に素数だけの積で表された形は、途中の順序は変わっても、同じになります。
> $72 = 2^3 \times 3^2$ のように、自然数を素数の積だけで表すことを、**素因数分解**するといいます。

- 「合成数」という用語は出ていない。
- 「素因数分解の一意性」という用語は出ていない。
- 「素因数」の定義がないまま、「素因数分解」の定義をしている。

ことに気づくだろうか。そして中3の教科書で

> **（A社）（中3）素因数分解（コラム）（中3で補足している）**
>
> $60 = 2^3 \times 3 \times 5 \cdots\cdots$ ①
> と表すことができることを1年生で学びました。
> 　数の世界でも、整数がいくつかの整数の積の形に表されるとき、その1つ1つの数をもとの数の因数といいます。
> 　　$60 = 6 \times 10$
> のように整数の積で表すことができるので、6, 10 は 60 の因数です。
> 因数の中でも、素数である因数を素因数といいます。①の式から、2, 3, 5 は 60 の素因数です。
> 　　　　　　　　　　　　　　　　　　　　（圏点引用者）

と、ここで初めて「素因数」の定義をしている。中1の教科書で知らせないのなぜか。

2 素因数分解と因数分解（中3〜）

> **（E 社）（中 1）素因数分解**
>
> 　$12 = 2 \times 2 \times 3$ のように、自然数を<u>素数</u>の積だけで表すことを、**素因数分解する** という。　　　　　　　　　　　（下線引用者）

- 「素因数」の定義をせずに「素因数分解」を定義している。
- （A 社）のような「積の順序を入れ替えても、、、」の説明はない。

教科書によって違うのだ。そして中 3 の教科書で

> **（E 社）（中3）（中 3 で補足している）**
>
> 　$6 = 2 \times 3$ や $30 = 2 \times 3 \times 5$ のように、整数をいくつかの整数の積で表すとき、そのひとつひとつの数を、もとの数の**因数**という。また、素数である<u>因数</u>を**素因数**という。
> 　1 年で学んだように、自然数を<u>素因数</u>の積で表すことを素因数分解という。　　　　　　　　　　　　　　　　　（下線、圏点引用者）

- やはりここで初めて「素因数」の定義をしている。
- 中 1 の教科書では「自然数を素数の積だけで表す」と言っているのに、中 3 の教科書では「自然数を<u>素因数</u>の積で表す」と言っている。

　（A 社）と（E 社）は、中 1 の教科書だけでは「素因数の定義及び説明のないまま」に素因数分解を定義している。それぞれ併記したように、中 3 の教科書であらためて素因数を定義しているのだ。つまり中1の定義と、中3の補足説明のセットでようやく正確な素因数分解の定義ができることになる。
　それで生徒の理解につながるだろうか。中 2 で転校して教科書が変わったら対応できないではないか。指導するべきときに指導すべきことは全て指導すべきではないのか。学年を分けて指導する目的と意味は何だろう。

まことに僭越*4で失礼な物言いを許していただければ、この意味で、

（C社）（中1）素因数分解

　素数である約数を **素因数** といい、自然数を素因数だけの積の形に表すことを **素因数分解** するという。
　どのような順序で素因数分解をしても、素因数の積の形に表した式は同じである。

- 「因数」については触れずに「素因数」の定義をしている。
- 「素因数分解の一意性」の用語は出ていない。

が一番スッキリしていると高く評価する。ただ、

　　　　「素数である約数を**素因数**といい」

は日本語として不自然である。
　「素数である約数」なら「**素約数**」と名付けるのが自然ではないのか。普通の日本語はそうやって作られるのだ。
　そういう常識のある日本語の感性に鋭い生徒は、「日本語に忠実に」定義を読もうとすればするほど、「日本語の数学」に無意識に違和感を覚えていくのではないだろうか。
　（C社）の表現を少し変えて

　　　　「約数のことを因数ともいいます。素数である因数を**素因数**といい、」

とすればどうだろう。どちらがわかりやすいか。中高生はどう感じるだろうか。

　定義は、易しく、短く、美しく。
　中高生に与える教科書では、きれいな日本語と正しい漢字で、必要最低限で言い切ることが肝要である。

2.2　因数と因数分解

　「令和6年度まで使用」の教科書と「令和7年度以降使用予定」の教科書を並べて見てみよう。

---

*4 自分の身分・地位をこえて出過ぎたことをすること。そういう態度。でしゃばり。謙遜の気持でも使う。　　　　　　　　　　　　　　　　　　【広辞苑】[1]

2　素因数分解と因数分解（中 3〜）　　　**103**

（A 社）（中 3）因数と因数分解　令和 6 年度まで使用

　　1 つの数や式が、いくつかの数や式の積の形に表されるとき、積の形にしたそれぞれの数や式を、もとの数や式の**因数**といいます。

　　また、多項式をいくつかの因数の積の形に表すことを、その多項式を**因数分解**するといいます。　　　　　　　　　　（圏点引用者）

- 令和 6 年度までの教科書は「数」でも「式」でも、積の形にしたそれぞれの数や式を因数という、と書いている。

（A 社）（中 3）因数と因数分解　令和 7 年度以降使用予定

　　1 つの式が、いくつかの数や式の積の形に表されるとき、積の形にしたそれぞれの数や式を、もとの式の**因数**といいます。

　　また、多項式をいくつかの因数の積の形に表すことを、その多項式を**因数分解**するといいます。　　　　　　　　　　（圏点引用者）

- 令和 7 年度以降使用予定の教科書では「1 つの数や式」が「1 つの式」に改められている。
- 「いくつかの数や式の積の形」の「数や式」の部分はそのままである。

では、この年度から「因数の定義」が変わるのか。

こういうことは教科書会社から、または採択した教育委員会から現場の先生にはきちんと説明され、共有されているのだろうか。

（E 社）（中 3）因数と因数分解

$$x^2 + 5x + 6 = (x + 2)(x + 3) \cdots\cdots ①$$

【$6 = 2 \times 3$ や $30 = 2 \times 3 \times 5$ のように、整数をいくつかの整数の積で表すとき、そのひとつひとつの数を、もとの数の**因数**という。また、素数である因数を**素因数**という。1 年で学んだように、自然数を素因数の積で表すことを素因数分解という。】
　　　　　　　　　　　　　　　　　（【　】内は 101 ページの再掲）

単項式や多項式でも、整数のときと同じように考える。① の式は多項式 $x^2 + 5x + 6$ を $x + 2$ と $x + 3$ の積で表している。このとき、$x + 2$ と $x + 3$ を $x^2 + 5x + 6$ の**因数**という。

　　多項式をいくつかの因数の積として表すことを、その多項式を**因数分解**するという。　　　　　　　　　　　　　　　（圏点引用者）

| （C社）（中3）因数と因数分解

　1つの式が単項式や多項式の積の形に表されるとき、積をつくっている各式を、もとの式の**因数**という。
　多項式をいくつかの因数の積の形に表すことを、もとの式を**因数分解**するという。
（圏点引用者）

- 中1の教科書では「因数」を定義しなかった。中3の教科書で、式に対してのみ「因数」を定義している。

　どれが一番読みやすく、理解しやすいだろうか。中高生に判断してもらうのが一番良いだろう。
　一方、教科書だけでなく一般書籍にも目を落とせば

- 英語で因数分解は「factorization」といいます。要素化する——のような意味でしょうか。日本語より英語の方が意味がわかりやすいですよね。「要素（ファクター）分解」と呼ぶ方が、因数分解よりはまだわかりやすいですよね。ここまで読んできて、なんとなくおわかりだと思いますが、「因数」とはかけ算のカタチを意味しているのです。もっと言えば、因数分解とは、つまりは「かけ算分解」のことなのです。
【『新版なぜ分数の割り算はひっくり返すのか？』，板橋悟著，主婦の友社刊，2016年】[31]

という説明も目にすることができる。英語では、

「因数」は	「factor」または「divisor」
「約数」は	「measure」または「divisor」
「素因数」は	「prime factor」
「素因数分解」は	「factorization into prime factors」
「因数分解」は	「factorization」

である。　　　　　　　　　　　　　　　【数学 英和・和英辞典】[13]
　素因数分解と因数分解は英語ではともに「factorization」である。「into prime factors」がつくかつかないかの違いなので、筆者はこの方がわかりやすいと感じているのだが、中高生はどう感じるだろうか。素因数分解と因数分解はほぼ同じと言ってよいのではないか。
　しかし、生徒はそのように理解しているだろうか。「素因数-分解」、「因数-分解」であるという実態が見えていない生徒があるのではないかと危惧する。これは、「因数」と「約数」という二つの訳語が同じ意味であることを正しく伝え切れていないことが原因ではないだろうか。

2 素因数分解と因数分解（中3～） 105

Coffee Break

雑談：下駄箱

　高校1年生の秋だった。当時私の通っていた高校は二足制で、生徒は、生徒昇降口で上履きに履き替えて教室へ向かうことになっていた。

　ある日、クラブの練習を終えてから、教室へ戻って友人と話し込んでいた私は、外も暗くなり始めたのでそろそろ帰ろうということになり、友人と昇降口へ向かった。

　いつも通り、友人と何か話をしながら生徒昇降口への階段を降りる。友人の下駄箱と私の下駄箱は少し離れている。それぞれ自分の下駄箱の前に立ち、話を続けながら下駄箱に手をかける。何も変わらない、いつもの、普段の光景だ。そしていつも通り、下駄箱の扉を開けたその刹那[a]、私は目に飛び込んできた光景に衝撃を受けた。なんとそこには1通の手紙が置いてあったのだ。

　　　　　「これが、伝説の、下・駄・箱・ラブレター！」

　私の心は一気に燃え上がると同時に、次の瞬間、このあとの行動に関するプログラムを瞬時に計算し始めた。

　15, 16 歳の男子高校生が下駄箱にラブレターを発見したとき、まず、何をするか。

　こんな研究をした人の話は聞かない。しかし、私は確信する。彼がとる行動はほぼ 100 ％、

　　　　　「とりあえず下駄箱の扉を閉める」

である。

　この、男子高校生のおそろしく普遍的な行動パターンに従って私は、とにかく反射的に扉を閉めた。

　次にとる行動は、「人払い[b]」である。

　　　　　「ちょっと教室に"忘れモン"したんで、悪いけど先ィ行っといて。」

　流暢な関西弁で友人との物理的な、時間的な距離の確保のために私は一旦、教室に戻る。階段を上るその情景を今もありありとはっきりと覚えている。

　こらえよう、こらえようとしても、とにかく湧き上がってくる高揚感。そして押さえよう、押さえようと必死に努力するのに反比例して上がってくる口角。そう、ニヤニヤが止まらない。

教室についた私に、何の用もないのは明らかだった。誰もいない教室で、とにかく自分の机の周りをぐるっと見回して、

　　　「あれっ、ないなあ。」

　忘れ物などあるわけがない。初めからないのだから。教室で少し時間を潰した私は、おもむろに昇降口に向かった。
　この間、頭の中にあるのは「下駄箱ラブレター」のことばかりだ。

　　　「まいったなぁ」
　　　「粋なことをしやがって」
　　　「ついに俺も下駄箱ラブレター経験者の仲間入りか」
　　　「1年生でこの調子なら、2年、3年は大変なことになるな」
　　　「ところで誰があの手紙を入れたんだろう」
　　　「A子か、B子か、それともC子か。いやまさかD子ってことはないよな。」
　　　「直接言うタイプじゃない、と考えればB子か」
　　　「いや、こういうことは普段の姿とはまた違うもんだし」
　　　「法則どおりってことは逆にないかな」
　　　「意表をついてE子先輩だったりして」
　　　「いやまさか、年上はさすがに。。。」

　またひとりでに口角が上がってくるのを必死で押さえながら、階段を下りる。同時に頭の中ではどうやって手紙を取り出すかの緻密な計算がすさまじいスピードで行われていた。数学のテストでさえあんなに脳が早く回転した経験はない。
　下駄箱の前に立つと、周りを見渡し、誰もいないことを確認する。
　ここから、追い詰められた人間の心理と行動をいやというほど味わうことになる。
　まず、通学に使用していたスポーツバッグを床に置き、その流れでごく自然に、手紙が入る分だけのチャックを開放する。これは、手紙を瞬時にバッグに滑り込ませるための準備である。もし誰かに見られていても動きが不自然には見えないようにごく自然に行うことができた。おそらく誰にも見られてはいなかったが。
　次に、下駄箱に手をかけ、扉を開ける瞬間......次の考えが頭をよぎる。

　　　「手紙の移動距離は短い方がよい。」

　作戦変更。
　一般に人は、すでに準備が終了した「バッグのチャックを開ける」という行為が無駄になることを恐れ、さらに良い選択肢への変更を躊躇うことが多いものである。まして未熟な高校生であれば尚更である。しかしこの時の私は違った。人に見られる可能性を考えたとき、手紙が下駄箱を出てからどこかに収納されるまでの移動距離は

短い方が良い。

　「下駄箱から床に置いてあるバッグまでの移動距離」を「下駄箱から学生服の左の内ポケットまでの移動距離」に変更する判断を瞬時に行っていた。

　素晴らしい判断力である（自分で言うのか）。

　瞬時に左手で学生服の第二ボタンをさっと開き、左の内ポケットへ滑り込ませる作戦への準備を済ませる。

　　　「この移動距離なら、誰かに見咎められても気づかれまい。」

　右手で下駄箱の扉を開ける。
　左手で学生服の胸を引き、内ポケットの位置を確認する。
　右手で手紙を取り出す。あとは、0コンマ何秒で内ポケットに手紙を滑り込ませれば、ミッション完了である。

　左胸に滑り込ませ...... ようとしたその時、人間のいやらしさ、醜い欲望、邪念、が表出する。

　「でも、誰からだろう。ちょっと見るくらいなら許されるロスタイムだろう。」
　右手が左胸のポケットに滑り込もうとするその瞬間、チラッとだけ手紙に目を落とす。

　　　「A子」か。
　　　「B子」か。
　　　「C子」か。
　　　それとも、、、

　このとき、差出人の名前が書かれている面ではなく、あろうことか宛名が書かれている面を見てしまった。宛名の面なのだからそこには「A子より」とか「B子より」とかではなく、「みちはた君へ」と書かれているのが正しい。
　確率は2分の1とはいえ、一世一代のミスである。

ところがそこに書かれていたのは、、、、

　　　「山田君へ　♡」
　　　　　　　⋮
　　　　　　　⋮
　　　　　　　⋮
　　　　　　　⋮

　　　「ヤァ・マ・ダ・は・隣じゃあ〜〜〜！！！」

　床に思いっきり手紙を叩き付けたい衝動を瞬時にこらえ、ほとんどロスタイムなしに左手で山田c君の下駄箱を空け、その手紙を見

事な早業で投函^{とうかん}し、返す刀で自分の下靴を取り、同時に左手では胸の第二ボタンを閉め、下靴に履き替えて下駄箱に上履きを戻し、鞄を持って移動を開始するまでの時間は、おそらく世界記録に迫るタイムをたたき出したのではないかと自負している。

　手紙の誤配送にはご注意いただきたい。

---

^a きわめて短い時間。瞬間　　　　　　　　　　　　　　　【大辞泉】[2]
^b 密談などをするため、他の人をその場から遠ざけること。　【大辞泉】[2]
^c 書籍化にあたって仮名にしたが、教室では実名で話している。

3　平方根（中3〜）

3.1　「平方根」の意味

まず中高生に質問する。

- 「平方」と「2乗」と「自乗」はすべて同じ意味だということ

を知っているだろうか。
　また、中学高校の先生方は、そのことを授業で説明されているだろうか。

　教科書の「平方」についての記述を一つ示す。

（A 社）（中1）

5^2 を5の2乗^{にじょう}、5^3 を5の3乗^{さんじょう}と読みます。
また、5^2、5^3 の右上の小さい数2、3はかけあわせる数5の個数を示したもので、これを指数といいいます。
2乗のことを平方、3乗のことを立方ともいいます。

「自乗」という言葉には触れていない。
　筆者は「自乗」という言葉そのものを知らない大人を知っているが、「自乗」は、国民の常識にはなっているのだろうか。
【広辞苑】[1] には

3 平方根（中3〜） **109**

じ-じょう【じ-じょう】 ■

〔数〕→にじょう。

——・こん【自乗根】平方根に同じ。

——・すう【自乗数】自然数を自乗した数。4 は 2 の自乗数である類。平
方数。

と書かれている。

　教科書に載せないということは、「自乗」という言葉を抹殺したいとい
う国の意図が働いているのかもしれないが、授業やその他の場面で「自
乗」を使用する先生はいらっしゃるだろう。

　教科書に定義がないので生徒が悩んでいないか心配である。

　一方、教科書には「方程式を満たす値のことを「解」という」と書いて
あるが、

- 昔は「根」と呼んでいたこと

については説明されているだろうか。

　中学教科書の「方程式の解」および「平方根の定義」の記述は、

（A 社）（中 1）方程式の解

　方程式を成り立たせる文字の値を、その方程式の解といいます。
また、その解を求めることを、方程式を解くといいます。

（A 社）（中 3）　平方根の定義

　2 乗すると a になる数を a の平方根といいます。つまり、
a の平方根は、$x^2 = a$ を成り立たせる x の値のことです。

となっているが、2 つを並べてよく見てほしい。

　合体させれば、

　　　方程式 $x^2 = a$ を成り立たせる x の値を、その方程式の解といい、
　　　それを「平方根」と呼ぶ。

と読み取ることができる。方程式 $x^2 = a$ は、「2 次方程式」だよね。用語
として「2 乗方程式」「自乗方程式」「平方方程式」と言っても、実態に差
はないよね。じゃあ、

　　　平方方程式 $x^2 = a$ を成り立たせる x の値を、つまり

「平方方程式の根」を、a の平方根という

のではないのか。

$a > 0$ のとき、2 次方程式 $x^2 = a$ の解は 2 個あるので、

「平方根は 2 個ある」

のは当たり前でしょ！

　高校生の皆さんは中 3 でそのように教わっていただろうか。筆者の経験では、高校に入ってなお、

$$\begin{cases} 49 \text{ の平方根は } \quad 7 \text{ と} -7 \\ \sqrt{49} \qquad\qquad = 7 \\ \text{(49 の正の平方根)} \\ -\sqrt{49} \qquad\quad = -7 \\ \text{(49 の負の平方根)} \end{cases} \begin{cases} 5 \text{ の平方根は} \qquad \sqrt{5} \text{ と} -\sqrt{5} \\ 5 \text{ の正の平方根は} \quad \sqrt{5} \\ \\ 5 \text{ の負の平方根は} \quad -\sqrt{5} \end{cases}$$

の区別がつかなくて困っていた生徒はそこそこあったように思う。

　皆さんはどうだったろう。

　「平方根」の説明の仕方だけで、この問題は解決するのではないだろうか。これは、一体誰が悪いのか。中学校の先生か。

　　　「根」を「解」にしたことが悪かったのではないのか。

　これが、高等学校の教科書になるとこうなる。

（A 社）（高　数学 I　平方根の定義）

　2 乗して a になる数を、a の**平方根**という。

　正の数 a の平方根は、正と負の 2 つあり、正の平方根を $\sqrt{a}$、負の平方根を $-\sqrt{a}$ で表す。記号 $\sqrt{}$ を**根号**という。

　負の数の平方根は、実数の範囲には存在しない。また、0 の平方根は、0 だけであり、$\sqrt{0} = 0$ とする。

筆者の授業では

- 「平方」と「2 乗」と「自乗」はすべて同じ意味だということ
- 教科書には方程式を満たす値のことを「解」という、と書いてあるが、昔は「根」と呼んでいたこと

の説明をした上で、

3 平方根（中3〜） 111

「2次方程式と平方方程式は同じ意味であるとしてよい。実数 a に対し、

「平方すると a になる数」、すなわち

「平方方程式 $x^2 = a$ の根」を a の平方根という。

$a > 0$ のときは2つあって、その正の方を $\sqrt{a}$ と表す。
$a = 0$ のときは1つしかなく、それは0である。（$\sqrt{0} \equiv 0$）
（数学 II に入ってから）
（$a < 0$ のときは2つあって、それを $\sqrt{a}i,\ -\sqrt{a}i$ と表す。）」

と説明してきた。

皆さんは、授業でどういう説明を受けただろうか。

3.2 解か、根か

筆者が中3で初めて2次方程式を学んだときは $x = \dfrac{-b \pm \sqrt{b^2 - 4ac}}{2a}$

を「2次方程式の解の公式」と教わった。
しかし、高校に入ったとき、先生の授業を聞いていると、2次方程式の

$\begin{cases} \text{実数解} \\ \text{重解} \\ \text{虚数解} \end{cases}$ のことをそれぞれ $\begin{cases} \text{実根} \\ \text{重根} \\ \text{虚根} \end{cases}$ とおっしゃっていた。筆者が高

1 だった 1982 年の教科書にどう書いてあったか記憶はないが、5 年後の教科書、

【『高等学校新編数学 I』，伊関兼四郎ほか著，数研出版刊，1987 年】[40]

にはそれぞれ $\begin{cases} \text{実数解または実根、} \\ \text{重解または重根、} \\ \text{虚数解または虚根} \end{cases}$ と表記されている。

ちょうど過渡期だったのだろう。しかし、「根」を「解」変えるならば、同時に

$$\left\{\begin{array}{l}\text{平方根、2 乗根}\\\text{立方根、3 乗根}\\n\text{ 乗根}\\\text{無縁根}\end{array}\right. \text{もそれぞれ} \left\{\begin{array}{l}\text{平方解、2 乗解}\\\text{立方解、3 乗解}\\n\text{ 乗解}\\\text{無縁解}\end{array}\right. \text{としなくてはなら}$$

なかったはずである。

　「無縁根」は、当時の教科書や参考書ではしばらく「無縁根」のままであり、その後徐々に「無縁解」に変わっていき、現在は見かけない[*5]。「平方根」「2 乗根」「立方根」「3 乗根」「n 乗根」に至っては現在もそのままである。

方程式の「解」は、方程式の「根」に戻せないものだろうか。

　【東京数学会社雑誌第 48 号】において、「(39)Root of equation」が「方程根」の原案で提出され、議論の末に「方程式の根」と決定している経緯が記載されている。明治の先生方の選んだ用語は「根」であったのだ。昭和に入って「根」を「解」に変えた人達は、こういう事実を知った上で、なぜ変更を行なったのか。

　非難ではない。変えるに至った合理的な理由を聞きたい。

　筆者は、

方程式・不等式を満たす値一つ一つのことを「根」と呼び、「根の集合」のことを「解」と呼ぶ、と考えればどうか

と生徒には話している。例えば

- $3x = 2$ の根は $x = \dfrac{2}{3}$、「解」は集合 $\left\{\dfrac{2}{3}\right\}$
- $x^2 = 2$ については

$$\left\{\begin{array}{ll}\sqrt{2}\text{は} & x^2 = 2 \text{ の根}\\-\sqrt{2}\text{は} & x^2 = 2 \text{ の根}\\x^2 = 2 \text{ の「解」は} & \text{集合} \left\{\sqrt{2},\ -\sqrt{2}\right\}\\ & \rightarrow \text{これを } x = \pm\sqrt{2} \text{ と表す}\end{array}\right.$$

[*5] 【『チャート式代数学復刻版』，星野華水著，数研出版刊，2014 年】[42] には発行年当時のまま「重根」「無縁根」と記載がある。

　【『高校数学公式活用事典　第 4 版』，岩瀬重雄著，旺文社刊，2011 年】[43] では「無縁解」と記載。現在の教科書からは「無縁根」「無縁解」の用語そのものが消えている。

3　平方根（中3〜）　　　　　　　　　　　　　　　　　　　　**113**

- $x^2 < 2$ については

$$
\begin{cases}
1 \text{ は} & x^2 < 2 \text{ の根} \\
0 \text{ は} & x^2 < 2 \text{ の根} \\
-1 \text{ は} & x^2 < 2 \text{ の根} \\
x^2 < 2 \text{ の「解」は} & \text{集合 } \left\{ x \mid -\sqrt{2} < x < \sqrt{2} \right\}
\end{cases}
$$

といった例を挙げる。

不等式の「解」を説明する高校教科書の記述は例えば

（A 社）

　x についての不等式を満たす x の値を**不等式の解**という。不等式のすべての解を求めることを**不等式を解く**という。不等式のすべての解の集まりをその不等式の解ということもある。

である。

どうだろう。高校生。

「根」は一つ一つの値、「解」は根の集合、とした方が本質的ではないか。

Coffee Break

雑談：誕生日のことは、覚えていますか？

　上方落語に、「代書」というネタがある。字の書けない男[a]が代書屋（字の書けない人に代わって代筆をする人がいる店）にやってきて履歴書を代筆してもらう、という噺である。

「平成の爆笑王」、桂枝雀の演じ方が気に入っている。

　代書屋に「生年月日」を尋ねられた男が、「生年月日」という言葉が何を指すのかわからない、というやりとりのあと、

代書屋　「あんた、生年月日おまへんのか！？」

男　　　「｡｡｡｡｡｡ うち、所帯が所帯なもんで、ちょいちょいないもんあるんです。」

代書屋　（呆れて）──「生まれたヒィのことやがな！」

男　　　「ああ、生まれた日のことでっか｡｡｡｡｡
　　　　　　なにも覚えてないなあ〜」

　教壇に立っていた身として、落語から学ぶことは多かった。古典落語の中には時代背景や方言、言い回しがわからないものも多かったが、同じ噺を 20 回程度聞いていると、20 回目に初めて聞こえる単語があり、20 回目に初めて理解できる面白さがあることに気づく。一朝一夕に出来上がったような浅い芸ではないので、聞く側、理解する側にも一定の知識と努力が求められるのだと理解している。

　新曲のイントロが長いと売れないだとか、映画を倍速で流して見るだとか、タイムパフォーマンスを重視する令和の若者にはわからない心理、真似できない芸当なのかも知れない。

　「すぐ役に立つことはすぐ役に立たなくなる」とは灘高校の橋本の言葉だが[b]、パッと簡単にわかるもの、すぐに役に立つものを追いかけることは、結局は無駄に時間を浪費しているのだというのは、何となく的を射ている[c]ような気がする。

　落語にせよ、数学にせよ、正しく深く理解すればいつまで経っても楽しめるだけの背骨を持っているように思う。

　「落語なんて古い」「学ぶところがない」という人はきちんと時間をかけて落語を聞いたことがないのだろうし、「数学なんてわからない」「面白くない、役に立たない」「ずっと嫌いだった」「二次方程式を解かなくても生きてこられた」という人はきちんと時間をかけて数学を勉強してこなかった[d]のかもしれない。

　数学でなくても、専門分野できちんと仕事をしてきた「品性のあ

3 平方根（中3〜）

る大人」ならば、好き嫌いはあっても、他の分野のこと、自分が知らないこと、興味のないことを卑下(ヒゲ)したり、馬鹿にしたりはしないものである。中高生の皆さんは、周りの大人の発言をよーく聞いておこう。

　関西ローカルだが、夕方のテレビ番組の中で、生まれたての赤ちゃんを紹介するコーナーがある。ほんの1、2分であるが、その日（又は近い日？）に生まれた赤ちゃんと両親、時には家族も一緒に赤ちゃんを名前とともに紹介するコーナーである。
　「誕生日のことは〜♪覚えていますか〜♪」という歌詞で始まる曲とともに、ご家族のこの赤ちゃんに対する期待と、希望と、未来への思いが詰まった、素晴らしいコーナーである。
　母親も父親も満面の笑みで、生まれたての、壊れそうな、小さな小さな我が子を、愛おしそうにその手に抱きしめる姿を見ていると、こちらまで優しい気持ちになる。はっきりと目を開けた子、親の指をしっかりと握る子、元気に泣く子、手足をバタバタさせる子。
　この子たちに、数学を嫌いと言わせてはならないと強く思う。

　この時刻になったら全国の電波をジャックして強制的に各家庭に流して欲しいとさえ思う。生まれたての赤ちゃんを両親がその手に抱く姿を、全国民に毎日見せ続けることが、国に悪い影響を与えるはずがない。がんばれ、読売テレビ！！

　落語と同じで、将来、本人はこの日を「覚えてないなあ。。。」というだろうが、両親は決して忘れることはない。
　子供は国の宝、教育は国家百年の大計である。大人が責任を持って守り、育てていかねばならない。先人がそうしてくれたように。

---

^a 字を書くことができない人が多かった時代の噺

^b『伝説の灘校教師が教える一生役立つ学ぶ力』，橋本武著，日本実業出版社刊，2012年[45]

^c 的を射る(まとい)　うまく目標に当てる。転じて、うまく要点をつかむ。
　　当を得る(とうえ)　道理にかなっている。
　は間違えやすい。　　　　　　　　　　　　　　　　いずれも【大辞泉】[2]

^d これは多分に教員、学校、国の制度、の問題で大半はその人の責任ではないことが多いと思っている。

第6章

やや専門的な話〜その2〜

この章は、高校数学を学習した、または今後学習する予定の人が必要となる内容となるので、数学を職業とする人や高校生以外は読み飛ばして構わない。もちろん、拒むものではないので意欲ある中学生はぜひチャレンジしてみてほしい。

1 三角比と公式（高1〜）

三角比の定義は、直角三角形の三辺の「比の値」によって定義されるが、三つの辺から二つを選んで「分数の上下に配置する」のであれば6個[*1]のパターンが考えられるはずなのに、日本の高校教科書で三角比は

$$
\left\{
\begin{array}{l}
\text{sin 正弦（sine、サイン）} \\
\text{cos 余弦（cosine、コサイン）} \\
\text{tan 正接（tangent、タンジェント）}
\end{array}
\right.
$$

の三つしか与えられない。

筆者は少年時代、ゲッターロボ（永井豪[*2] 作）のアニメを見ていて、

「3色の飛行機が合体して、なぜ3種類のロボットしかできないのだ、6種類なのではないか。」

と思っていたが、日本の教科書はそれと同じ「不思議」を残しているのである。

[*1] 「$_3\mathrm{P}_2 = 6$」である。

[*2] 永井豪 [1945〜] 漫画家。石川の生まれ。── （中略）──代表作「デビルマン」「マジンガー Z」など。　　　　　　　　　　　　　　　　　　　　【大辞泉】[2]

海外では

$$
\begin{cases}
\text{sin 正弦（sine、サイン）} \\
\text{cos 余弦（cosine、コサイン）} \\
\text{sec 正割（secant、セカント）} \\
\text{csc 余割（cosecant、コセカント）} \\
\text{tan 正接（tangent、タンジェント）} \\
\text{cot 余接（cotangent、コタンジェント）}
\end{cases}
$$

の6つがあることが紹介されている場合もある。日本では、そのスジの本(例えば本書)を読まなければ知りようがないのが現状である。6つを紹介した後で、3つで済むことを考えさせるべきではないか。何故生徒に

「隠す」
「見せない」
「調べる意欲のある生徒しかわからないようにする」

のか。この点において、「海外の教科書の方が親切といえるのではないか」と言ったら、言い過ぎだろうか。「日本の教科書で学ぶ生徒は損をしている、不遇である」と言ったら、言い過ぎだろうか。

三角比公式[*3]の提示の仕方にも問題がある。

順序は教科書や時代によって様々であるが、三角比の「三種の神器（じんぎ）」[*4]ともいうべき公式が

$$
\begin{cases}
\tan\theta = \dfrac{\cos\theta}{\sin\theta} \\[2mm]
\sin^2\theta + \cos^2\theta = 1 \\[2mm]
1 + \tan^2\theta = \dfrac{1}{\cos^2\theta}
\end{cases}
$$

である。これらは

$$
\begin{cases}
\text{一つ目は} & \sin\theta \text{と} & \cos\theta \text{と} & \tan\theta & \text{の関係} \\
\text{二つ目は} & \sin\theta \text{と} & \cos\theta & & \text{の関係} \\
\text{三つ目は} & & \cos\theta \text{と} & \tan\theta & \text{の関係}
\end{cases}
$$

を示している。

これでは一つ足りないではないか。

[*3] ホントは公式かどうかを含めて生徒に考えさせたいが、ここはあえて「公式」と表現する。

[*4] そろえていれば理想的であるとされる3種の品物。　　　　　　【大辞泉】[2]

1 三角比と公式（高1〜）

そう、$\sin\theta$ と $\tan\theta$ の関係が与えられていないのである。

このことに気づいてこれを指摘、質問する高校生は優秀なのだろうが、多くの生徒はそこまでできない。一所懸命三つの公式を棒暗記して問題を解くだけだ。4つ目の公式まで見せて、考えさせることこそが大事ではないのか。

記憶が正しければ当時の教科書にはたしか

$$1 + \frac{1}{\tan^2\theta} = \frac{1}{\sin^2\theta} \text{ を証明せよ。}$$

という問題が載せられていたはず[*5] なので実質的には4つを紹介していたのであるが、教科書で紹介する時は4つの式をきちんと併記すべきであると思う。第4の公式を併記をしない理由があるとすれば

1. 第4の公式を書くための1行が取れない
2. 公式は三つで十分であるから第4の公式がなくとも実質問題はない
3. 第4の公式は分数が二つも入るので高校生にとって難しいだろうという気遣い

くらいであろうか。どれもこれも馬鹿らしい。是非4つの公式を併記して、生徒自らに

「第1と第2は公式でなく定義ではないか。」
「第3と第4の公式は $\sin^2\theta + \cos^2\theta = 1$ の両辺を $\cos^2\theta$ や $\sin^2\theta$ で割れば導き出せるじゃないか」
「公式は4つは要らない。」
「暗記すべきは第1と第2のみでよいのでは。」
「いや、やはり3つは暗記しないと実用的でない。」

など、様々考えさせるべきではないのか。

高校生が教科書以外の書籍を読んだり、海外の教科書と比べてみたりする機会はなかなかないあろう。しかし、令和の日本では、高校生の手の中でそんな情報にも触れることができる機器があるのである。

国と時代に恵まれなかった先人たちに遅れることのないように、学習を進めよう。

■余角・補角の邦訳修正をする時期ではないか
高校教科書で三角比を

$$\begin{cases} \sin \ 正弦（sine、サイン） \\ \cos \ 余弦（cosine、コサイン） \\ \tan \ 正接（tangent、タンジェント） \end{cases}$$

[*5] 【『高等学校新編数学 I』，伊関兼四郎ほか著，数研出版刊，1987 年】[40] では、この公式を教科書から探しきれなかった。

のように習ったとき、皆さんは、「なぜ『正』が二つで『余』が一つ？」と思わなかっただろうか。「バランス悪っ！」と思わなかっただろうか。

令和6年度に使用されている教科書では、調べた5社のうち4社で「余角・補角」の説明がなかった。（D社）だけが欄外で「余角・補角」の用語だけ紹介していた。なぜそう呼ぶのかについては触れていない。

説明なんかなくても問題が解ければ点数がもらえるから大半の生徒は気にしないだろう。

しかし、教科書に書いておいてくれれば済んだ話ではないのか。

いや、今まで教科書に書いてくれなかったのだから、今後も期待はできまい。したがって、本書のようなものがその役割を担わなくてはならないことになる。

直角三角形の鋭角の一つ θ に対し、「$90° - \theta$」という大きさの角を「θ の余角」という。だから

$\left\{\begin{array}{l} \text{「余角の正弦を縮めて余弦という」} \\ \text{「余角の正割を縮めて余割という」} \\ \text{「余角の正接を縮めて余接という」} \end{array}\right.$

というのだと言われれば素直に納得するのではないか。この意味でも、三角比ははじめ、6種類の紹介が必要なのである。

生徒が覚えなくてはならない公式の一つに $\sin(90° - \theta) = \cos\theta$ があるが、これは「余角の正弦は余弦」と口ずさめばよいだけだ。

$\cos(90° - \theta) = \sin\theta$ は「余角の余弦は正弦」と口ずさめばよいのだ。

$$\left\{\begin{array}{ll} \overset{\text{正弦}}{\sin}(90° \overset{\text{余}}{-} \overset{\text{角}}{\theta}) = \overset{\text{余弦}}{\cos}\theta & \text{「余角の正弦は余弦」} \\[2mm] \overset{\text{余弦}}{\cos}(90° \overset{\text{余}}{-} \overset{\text{角}}{\theta}) = \overset{\text{正弦}}{\sin}\theta & \left\{\begin{array}{l} \text{「余角の余弦は正弦」} \\ \text{「余角の『余角の正弦』は正弦」} \end{array}\right. \end{array}\right.$$

♡　　♡　　♡　　♡　　♡　　♡　　♡

では、

$\left\{\begin{array}{l} \text{「余角とは何か」} \\ \text{「補角とは何か」} \end{array}\right.$ と生徒に聞かれればどう答えるか。

$\left\{\begin{array}{ll} \text{「余角」} & \to \text{「90°までにあといくら角が余っているか」} \\ \text{「補角」} & \to \text{「180°まであといくら補えばよいか」} \end{array}\right.$ 　　　(6.1)

1 三角比と公式（高 1〜） **121**

となってしまわないか。

　ここに、問題がある。

　日本では、与えられた漢字が正しいと信じて疑わず、これを優先するのでこういう説明になるのだ。

　その前に、余角、補角が正しい邦訳かどうかの検証がなされないのだ。12 ページ*6 と 27 ページ*7 と同じことがまた起こっているのである。

　(6.1)のように説明している先生方はいらっしゃらないだろうか。

　【『数学 英和・和英辞典』，小松勇作編著，共立出版刊，増補版第 1 刷2016 年】[13] によると、英語で

$$\left\{\begin{array}{lll} \text{「余角」} & \text{は} & \text{complementary angle} \\ \text{「補角」} & \text{は} & \text{supplementary angle} \\ \text{「補集合」} & \text{は} & \text{complementary set} \\ \text{「余事象」} & \text{は} & \text{complementary event} \end{array}\right.$$

である。なので、「余」と「補」の統一性はない。

　ここらでもう一度、邦訳の整理をしてもよい時期かもしれない。

Coffee Break

　雑談：三角関数の教え方日本一

　「数学の授業」と「古典落語」を比べてみる。

　落語、特に古典落語の噺というのは、ストーリーから登場人物、笑いのパターンからサゲ[a]まで、全て基本的なものは決まっている。

　もしあなたが「寿限無」や「ときうどん」[b]という噺を知っているのなら、ざっくりとしたストーリーは浮かんでくるだろう。

　たとえば筆者が寄席に行く時は、あらかじめ何月何日にどこの会場で誰と誰が出演して、誰が何のネタを話すのか、入場料はいくらか、ということを調べることが普通である。

　当日まで何の噺をするかはお楽しみ、という場合もちろんあるのだが、「トリは桂文珍の『地獄八景亡者の 戯 れ』です」、「笑福亭鶴瓶が『らくだ』をやります」なんてこともある。

　すると筆者なら

---

*6　「分数に直すことができない（無理な）数が無理数」というわけです。」という佐藤修一の主張。

*7　「数を表すための素になる数が 2 つあることから、虚数単位を含んで考える数を複素数といいます。」という岩渕修一の主張。

　　　　　「地獄八景亡者の戯れ」は前にCDで米朝のを聞いたし、今
　　　　　回はやめとこか、

とか、

　　　　　「らくだ」は鶴瓶の師匠、名人と謳われた六代目松鶴の十八番
　　　　　だったんだし、何も今さら弟子の鶴瓶の噺を聞かなくても。。。

とはならない。
　是非チケットを手に入れて、「文珍の地獄八景亡者の戯れ」、「鶴
瓶のらくだ」を生で聞きたいと思うのだ。実際、このような場合は
すごいスピードでチケットが売り切れるので、多くのファン心理
とはそういうものなのだろうと思う。
　繰り返すが、ファンならとっくに内容を知っている噺である。
　ストーリーも知っている。登場人物も知っている。サゲも知って
いる。
　でも、生で、文珍の、鶴瓶の噺を聞きたいがためにお金を払って
足を運ぶのである。

　　　　　「授業の前に、生徒があらかじめ授業の内容を知っている」
つまり数学であれば
　　　　　「定義を知っており、公式は暗記済みであり、教科書の練習
　　　　　問題はすべて解いて答え合わせも済んでいる」
という状況で授業を受けることは少ない。ここが落語との違いだ。
しかし教員はそこに甘えて授業をしてはならない。予習して既にす
べて知っている生徒になお、「ああ、ミチハタ先生の授業を聞いて
初めて、なるほどそうかと腑に落ちた。納得できた。」と思わせる
授業を目指すべきである。

　また一方で、生徒は授業を選べない。
　繰り返し同じ内容の授業を聞く暇もない。
　しかし、もし選べるとしたらミチハタを選ばせたい。何度も同じ
内容の授業を聞く余裕があるのなら、A先生の授業を聞いた後の生
徒に、「もう一度あらためてミチハタの授業を聞きたい」と言わせ
たい。こう思うならば、ミチハタには人気落語家と同じ強い向上心
が日々求められる。
　筆者は、そういう思いで授業をやってきたつもりである。卒業生
や、現在、ミチハタの授業を受けている現役の生徒に聞いてみれば
よい。ミチハタの授業は楽しかったか、わかりやすかったか、想い
が込められていたか、と。

1 三角比と公式（高1〜） 123

　教員は皆、選ばれる授業をしなくてはならない。それを目指さなければいけない。
　授業だけが教員の仕事ではないことは、管理職も務めた筆者はよく承知しているつもりである。学校の教員は忙しい。それでもしかし、学校の教員というのはそういうものでないのか。

　最後にここで明治41年生まれの祖母の口癖を残しておく。令和の時代にこういうことを言うのは論外で、常識外れで、けしからんことである。筆者も今後、こういうことを公の場で発言することはないだろう。看護婦（当時の表現）として医療現場を経験した明治の女性の、「その時代の考え」として100年後の中高生へ向けて記録しておく。100年後の常識と比べて、考えてみてほしい。「昔はバカなこと言っていたんだな」と思うのか、「100年後にも通ずるものがある」のか、それは令和の人間にはわからない。

　　「医者」と「教員」は、勤務時間終了とか休みの日だとかに関わらず、患者のために、生徒のために自分の職責を果たすものだ。勤務時間が終了したからといって手術をやめられないのが医者であり、休日でも場合によっては患者の自宅に駆けつけるのが医者である。教員だって、勤務時間終了の5分前に質問に来た生徒を追い返すことはないだろう。やりとりの中でどうも本質をわかっていないなと感じたら、わかるまで付き合ってやるだろう。生徒の「わかった」という顔を見ることに喜びを感じない教員がいるのなら、すぐに退職すべきだ。
　医者と教員はそういうものだ。
　　だから、医者と教員は「先生」と呼ばれるのだ。

　さて、落語は同じ噺を繰り返し練習して複数年にわたり高座にかけることから、「良くも悪くも徐々に固まっていく」などという言い方をするようである。（『矢橋船（やばせぶね）』, 桂米朝）
　数学の授業も、2次関数なら2次関数、ベクトルならベクトルで、教員は同じテーマの授業を違うクラスで何度か行い、また複数年にわたって行うことから、良くも悪くも年を経（ふ）るごとに授業の内容が固まってくる傾向はあるだろう。

　筆者は三角関数の授業展開が好きなので、

　　　　「100キロマラソンの完走経験があり、かつ漢字検定準一級の合格者で、かつ、現役の管理職（当時教頭）である日本の高等学校数学教員が集まって、『三角関数の授業は誰がうま

いか日本一決定戦』をやったらまず日本一だと思う」

などと主張していた時期もあった。
　なお、最近は加齢や老眼、運動不足や肩こりのため、もはやチョークより重いものは持てない状態で、授業も当時のクオリティには遠く及ばず、反省の日々である。_c。。。

---

　　^a 落語のおち。　　　　　　　　　　　　　　　　　　　　【大辞泉】[2]
　　^b 上方落語では「ときうどん」、江戸落語では「ときそば」、である。
　　^c 残念ながらまだ筆者は鶴瓶の生の落語を聞いたことがない。

2　交換・結合法則および分配法則

■交換・結合法則および分配法則

　交換・結合・分配法則と聞いて、「なんだ、簡単だ」と思う生徒は少なからずいるのではないか。初出は中1で、高1の教科書でも初めの方に出てきて、数式の展開や因数分解などで使用するため、そんなに難しくなく、難しくないので悩まず、気にもかけない、というのが本当のところではないだろうか。

　実際、難しいことはないのでなんとなく手を動かしていれば通り過ぎてしまう内容である。

　高2になってベクトルを扱うときにも登場するのだが、ここで1年生のときの実数と同じようにあっさり考えていると痛い目に遭う。

　指導する教員の側からすると、ここは一つのチャンスである。ぜひ時間をとって交換・結合法則および分配法則の違いにも触れておきたい。

■実数の交換・結合法則および分配法則（中1〜）

　「加法に関する交換・結合法則」および「乗法に関する交換・結合法則」は中1のはじめに出てきて、そのしばらく後に「分配法則」が登場する。中1
の教科書では、$\begin{cases}\text{「加法の交換・結合法則」「乗法の交換・結合法則」と}\\ \text{「分配法則」}\end{cases}$

とはきちんと切り分けて指導しているのである。これは高く評価できる。

　しかし高校の教科書を見てみると、例えば

2 交換・結合法則および分配法則 125

> **（C社）**
>
> 交換法則　$A + B = B + A, \quad AB = BA$
>
> 結合法則　$(A+B)+C=A+(B+C), \quad (AB)C = A(BC)$
>
> 分配法則　$A(B + C) = AB + AC, \quad (A + B)C = AC + BC$

　となっており、他社では分配法則しか載せていないものもあった。しかし、これではもったいないと思うのである。

　中高生の皆さんは、「法則」と「定理」と「公式」は何が違うのか考えてみたことがあるだろうか。

　数学でも、「定理」ばかりでなく「法則」も「原理」もあるのだということを伝えるチャンスである。言葉を大切にしたい。

　次に、法則の「呼び名」である。教科書には

「交換法則、結合法則、分配法則」

と書いてあることが多いのだが、これは

「交換・結合法則および分配法則」

にすべきである。二つと一つに分けるのである。そうすれば、この表現に疑問が生まれる。そして考えさせることができる。

　次に、これを板書する際には必ず表の形にして「線」で区切って書いてほしい。

表 6.1　交換・結合法則および分配法則

	和	積
交換	$a + b = b + a$	$ab = ba$
結合	$a+(b+c) = (a+b)+c$	$a(bc) = (ab)c$
分配	$a(b + c) = ab + ac$ $(a + b)c = ab + bc$	

　教科書で交換・結合法則および分配法則が紹介されるときに、表の形にして線で区切って書いているものを筆者は見たことがない。[*8]

[*8]　全ての教科書、全ての参考書・問題集を全時代にわたって確認することは現実問題として無理なので、あくまで筆者の少ない経験上、ということです。もしあればご教示ください。

こうすれば、分配法則だけが二つの演算を必要とする法則であることに意識が向く。

これが、ベクトルの「交換・結合法則および分配法則」に効いてくる。

■ベクトルの交換・結合法則および分配法則

まず初めに、ベクトルは今までの「実数」（スカラー）とは異なることを明確にする。二つ以上の要素を持った「分厚い数」「新しい概念の数」であることを明確にする。[*9]

次に加法減法はあっても「実数と同じような概念の乗法除法」はないことを明確にする。その代わりと言ってはなんだが、実数の世界では考えられない「演算」が発生する。教科書はこれを「実数倍」と表現してさらっと流してしまう。「素材」を殺してしまっている。140 ページでも述べるように、ぜひ「スカラー倍」と高らかに謳ってほしい。ここは、「スカラー」という斬新な用語を持ち出せるチャンスであるので積極的にアピールしたい。素材を殺さず、うまく料理したいところだ。

乗法については「外積」と「内積」があって、高等学校では「内積」しか扱わないことを紹介する。[*10]そして、次の表を与える。内積に関し結合法則が何故成り立たないのかを説明させることが重要である。

表 6.2　ベクトルの「和と内積」に関する「交換・結合法則および分配法則」

	和	内積
交換	$\vec{a} + \vec{b} = \vec{b} + \vec{a}$	$\vec{a} \cdot \vec{b} = \vec{b} \cdot \vec{a}$
結合	$\vec{a} + (\vec{b} + \vec{c})$ $= (\vec{a} + \vec{b}) + \vec{c}$	$\vec{a} \cdot (\vec{b} \cdot \vec{c})$ $\neq (\vec{a} \cdot \vec{b}) \cdot \vec{c}$
分配	$\vec{a} \cdot (\vec{b} + \vec{c}) = \vec{a} \cdot \vec{b} + \vec{a} \cdot \vec{c}$ $(\vec{a} + \vec{b}) \cdot \vec{c} = \vec{a} \cdot \vec{b} + \vec{b} \cdot \vec{c}$	

筆者が調べた 5 社の教科書では、「ベクトルの和と内積に関する交換・結合法則と分配法則」が紹介されるときに、上のような表の形にして線で区切って書いているものは一つもなかった。それどころか、

[*9] 複素数は二次元ベクトルと同一視できる。

[*10] 学習指導要領違反だが、紹介するくらいはよいだろう。白を教えたいときに黒を教える手法、「X」を教えたいときに「非 X」を教える手法、である。

2 交換・結合法則および分配法則 **127**

  1. 和に関する「交換・結合法則」、
  2. 内積に関する「交換法則」、
  3. 和と内積に関する「分配法則」

という用語を出しているのは（A 社）のみで、

    「ベクトルの内積について『結合法則』は成り立たない」

ことを積極的に書いている教科書は一社もなかった。それどころか、全ての教科書が

$$k \text{ を実数とするとき、} (k\vec{a}) \cdot \vec{b} = \vec{a} \cdot (k\vec{b}) = k(\vec{a} \cdot \vec{b})$$

を同じ枠の中に書いているのである。（A 社）でさえ、

内積の性質

  $\boxed{1}$ $\vec{a} \cdot \vec{a} = |\vec{a}|^2$

  $\boxed{2}$ $\vec{a} \cdot \vec{b} = \vec{b} \cdot \vec{a}$ 交換法則

  $\boxed{3}$ (1) $\vec{a} \cdot (\vec{b} + \vec{c}) = \vec{a} \cdot \vec{b} + \vec{a} \cdot \vec{c}$

          (2) $(\vec{a} + \vec{b}) \cdot \vec{c} = \vec{a} \cdot \vec{b} + \vec{b} \cdot \vec{c}$ 分配法則

  $\boxed{4}$ $(k\vec{a}) \cdot \vec{b} = \vec{a} \cdot (k\vec{b}) = k(\vec{a} \cdot \vec{b})$ （k は実数）

と書いている。

    これは違うのでないか。

  $\vec{a} \cdot \vec{b}$ はベクトルの内積で、計算結果はスカラーになる。

  $k\vec{a}$ は、ベクトル $\vec{a}$ を「スカラー倍（k 倍）」したもので、計算結果はベクトルである。これらを同じ枠の中に入れることはメリットよりデメリットが多いと思う。

  表 6.2 と、

$$(k\vec{a}) \cdot \vec{b} = \vec{a} \cdot (k\vec{b}) = k(\vec{a} \cdot \vec{b})$$

は分けて書くべきである。

  高校生の皆さん、今、初めてこのことを正しく認識した、という人はありませんか。

  出版社はさずがに他社の教科書や参考書を確認して参考にするだろうから、これらの表現は執筆編集者の意向、出版社の意向と考えて差し支えないだろう。表 6.2 のような書き方に、何か難があるのだろうか。

Coffee Break

雑談：昔の教科書

【『高等学校数学 I 代数学』，彌永昌吉(いやながしょうきち)著，東京書籍刊，1956 年】[39]
では p.15 　実数の順序と算法についての法則を語る場面で、

(1) 　加法について
　　　交換法則　　　$x + y = y + x$
　　　結合法則　　$(x + y) + z = x + (y + z)$
　　が成り立つ。
　　──（中略）──
(3) 　乗法について
　　　交換法則　　　$xy = yx$
　　　結合法則　　$(xy)z = x(yz)$
　　が成り立つ。また、加法と乗法の間に　(圏点は引用者)
　　　分配法則　　$x(y + z) = xy + xz$
　　　　　　　　$(x + y)z = xz + yz$
　　が成り立つ。

　　　　→きちんと切り分けて教科書に載せている。

【『高等学校新編数学 I』，伊関兼四郎ほか著，数研出版刊，1987 年】[40]
では

	加法	乗法
交換法則	$a + b = b + a$	$ab = ba$
結合法則	$(a + b) + c = a + (b + c)$	$(ab)c = a(bc)$
分配法則	$a(b + c) = ab + ac$	
	$(a + b)c = ab + bc$	

　　→枠線はないけれども、本書の主張と同じものをきちんと表現している。

　1987 年にこのように表現していたものを現在のように「改悪」するためには誰かの「決定」が必要である。そしてそれは 1987 年から現在までの間に行われている。いつ、教科書業界はこの表現を「改悪」したのか。きちんと調べればそれは特定されるだろう。

　筆者のような浅学(せんがく)[a]菲才(ひさい)の身が口にするのはおこがましいにも程があるが、『高等学校数学 I 代数学』[39] はよくできている。機会があればぜひご覧いただきたい。丸ごと一冊引用して分析して、一冊の本にしたいくらいだ。

要するに伝言ゲームなのである。

　1956（昭和31）年にこれだけ立派なものができていたのに、少しずつ改変していく際にいつしか「原典」をチェックしなくなったのではないか。改変をしながら、常に「原典」と擦り合わせていれば、今日のような「不思議な数学用語」はできていなかったのではないか。彌永は、天国から下界を眺めながらどう思っているのだろう。

　　　　　　　　　　　　　　　　　　　
　　^{a} 学問や知識が未熟なこと。また、その人。自分のことをへりくだっていう語。

　　　　　　　　　　　　　　　　　　　　　　　　　　　　　【大辞泉】[2]

3　ベクトルの成分の表現

1. 日本の教科書のベクトルの成分表現はなぜ横書き表現 $\vec{a} = (a_1,\ a_2)$ なのだろうか。

   ベクトルは、縦書き表現 $\vec{a} = \begin{pmatrix} a_1 \\ a_2 \end{pmatrix}$ にすべきだと主張する。

2. 縦書きにすれば、大きさ、内積、外積、全ての計算が見通しよく行われ、無用な計算ミスを防ぐことができるものと確信する。

■内積であれば。。。

　教科書では、まず $\vec{a} = (a_1,\ a_2)$ と $\vec{b} = (b_1,\ b_2)$ のとき、内積 $\vec{a} \cdot \vec{b}$ が

$$\vec{a} \cdot \vec{b} = a_1 b_1 + a_2 b_2$$

となることを証明する。教員はおそらく

$$(a_1,\ a_2) \cdot (b_1,\ b_2) = a_1 b_1 + a_2 b_2$$

のように板書しているのではないか。3次元ベクトルともなれば

$$(a_1,\ a_2,\ a_3) \cdot (b_1,\ b_2,\ b_3) = a_1 b_1 + a_2 b_2 + a_3 b_3$$

となってしまう。

　複雑か、と言われれば高校生にとって複雑とも言えない程度なので見過ごされていると思われるが、実際の計算においてはミスを誘発する原因ともなりかねない。

理解することと、実際に計算ミスをせずに正解にたどり着くことは違う。「わかる」と「できる」は違うのだ。

これが、数学の点数が上がらない原因となっている生徒もある。

ベクトルの成分を縦書きにすると、板書はこうなる。

$$\begin{cases} \begin{pmatrix} a_1 \\ a_2 \end{pmatrix} \cdot \begin{pmatrix} b_1 \\ b_2 \end{pmatrix} = a_1 b_1 + a_2 b_2 \\[2em] \begin{pmatrix} a_1 \\ a_2 \\ a_3 \end{pmatrix} \cdot \begin{pmatrix} b_1 \\ b_2 \\ b_3 \end{pmatrix} = a_1 b_1 + a_2 b_2 + a_3 b_3 \end{cases}$$

こんなことを知らない数学教員はいないだろうし、実際に板書している教員も多いだろうと思う。

ただ一方で、教科書に書かれていないために「遠慮」してこれを板書しない、できない教員もあると思う。

　高校生に聞く。

　あなたの担当の先生はどちらの板書をしているか。

　あなたはどちらがわかりやすいか。

　どちらが良いと思うか。

　さあ、このページに指を挟んで、先生のところへ行って聞いてみよう。なぜ横書きにするのか。なぜ縦書きにするか。あるいはなぜ横書きに反対なのか。なぜ縦書きに反対なのか。正解がどちらかという話ではない。会話をするのだ。議論をするのだ。

　筆者は、この話をいろんなところでしてきた。研究会でも話したし、教科書会社にも参考書の出版社にも話した。しかしこれまで変わっていない。一般書籍では縦書きも見かけるが、教科書は 1 社だけが「少し」書いているだけという現状である。

　　みんなどうでもよいと考えているか、

　　筆者が話した出版社の担当者が無視したか。

　　それとも担当者から聞いた出版社の責任者が無視したか。

　　文科省に伝えた出版社の責任者が「謎の溺死」を遂げたため文科省では聞いていないことになっているか。

　　（文科省で揉み消されてしまえば出版社も手の打ちようがない。）

3　ベクトルの成分の表現　　　　　　　　　　　　　　　131

　まあ、いずれにしても生徒の目に届かせるためには、こういう手（本書を上梓する）を使うしかない。少しでも生徒の目に触れて、生徒が自らの判断で自分のノートだけでも「縦書き」を心がけるようにしてくれることを望むだけだ。
　筆者の「時代錯誤な常識」が今もまだ通用するとすれば、

　　　　定期考査の答案で、
　　　　模擬試験の答案で、
　　　　大学入試の答案で、

　　　「生徒が縦書きの成分表示を書いたから、という理由で減点するようなケチな態度はとらない」

というのが優秀な日本の高等学校の教員、模試の採点官、大学の先生方であるはずである。
　高校生の皆さんは、嘘だと思ったら実際に試してみるとよい。
　ただし、もし減点されても　　　　　　　　　　　　　　──責任は負いかねる。

Coffee Break

　雑談：激論

　　テレビの討論番組は見ていて面白いものが多い。
　　Ａという学説（主張）とＢという学説（主張）が出演者によって面白おかしく紹介される。ただ単に、黒板を背に「Ａという学説（主張）はね。。。。」と解説されるよりははるかに面白く、よくわかる。学校の授業も二人の教員が漫才みたいに掛け合いをしたり、ボケ合いをしたりすればもっと面白く、よくわかるのかもしれない。
　　ただ、出演タレント（学者）があまりにテレビ的すぎて辟易することがある。まあ、本人がそうしようと思っている場合と、テレビの企画で「そういう役」をやらされている場合があるだろうが、「テレビ的」が過ぎると見ていてあまり気持ちの良いものではない。ふと思うのは、こういう番組で、もしテーマが「数学」でも同じようなことになるだろうか、ということである。
　　例えば「政治」「戦争」「歴史」「人物」などについて激論が交わされることが多いが、よくあるのはこんなシーンである。

Ａ氏　「そもそもあの時代、〇〇国には△△国から来た人たちにより〜の技術がもたらされたのであり、〇〇国の文化というのは、、」
Ｂ氏　「いや、〇〇国の文献にはそれより前に独自の〜の技術があったとしか考えられない記述があり、、」
Ａ氏　「なんという文献ですか。」

B氏　「（無視して）その文献によると、さらに当時の△△国の技
　　　術では〇〇国にやってくることさえ難しかったことが窺われ
　　　る記述があり、、、」
A氏　「だからなんという文献かと聞いているんです！」
B氏　「□□です」
A氏　「□□については当時の〇〇国の王が書かせた文献であり、
　　　そんなものは信用に値しないことはもはや常識です。」
B氏　「どこの学者がそんなことをどこに書いていましたか。名前
　　　を言ってください。」
A氏　「どこにも書いてない。それは私の主張です。〇〇国の文献
　　　があるからといってそれを頭から信じ込むことこそが危険だ
　　　ということがわからないのか。」
B氏　「何を根拠にそんなことが言えるんだ！」
A氏　「何も知らないくせに適当なことを言うんじゃない！！」
司会者　「まあまあ、、お互い興奮しないで。。。」

。。。のような形でヒートアップしていくのである。
　自身の主張を訴えたいのだろうし、視聴者を引きつけ、チャンネ
ルを変えさせないこともテレビには大事な要素であるからいろんな
事情があるのだろうとは思う。しかしこの議論、そもそも数学では
起こり得ないのだ。

A氏　「〇〇の定理が間違っていたことを証明しました」
B氏　「証明はありますか」
A氏　「これです」
B氏　「。。。ここが間違ってますね」

以上、終わりである。
　ここでA氏が「どこが間違っているんだ」「そんなことはない、
これは正しい！」「他の人に証明を見てもらう！！」「お前なんかダ
メだ！！！」と主張したとしてもB氏にはなんのダメージもない。

- 「どこが間違っているんだ」→「ここです。」
- 「そんなことはない、これは正しい！」→「数学的に新しい
  定義をするならともかく、現在の数学ではこれは正しいとは
  言えません。」
- 「他の人に証明を見てもらう！！」→「どうぞ」
- 「お前なんかダメだ！！！」→「そう思われるのはあなたの
  勝手ですが、だからといってあなたの証明を認める人は誰も
  いないでしょう。」

　「どこが間違っているんだ」についてははっきり指摘すること が
できる。他に間違いがあったとしても一箇所の間違いを指摘すれば

A 氏の主張を否定するに十分である。

「そんなことはない、これは正しい！」については後に A 氏の主張が認められる可能性は無いわけではない。あくまで「数学的に新しい定義をするならともかく」という前提で否定されるだけではある。過去にも老齢の名誉ある数学者たちがこぞって否定した当時の新しい数学概念が、若い数学者たちによって「新しい数学」として認められたことはある。ただ、普通は無理だろう。

「他の人に証明を見てもらう！！」に至っては「どうぞ」の一言で終わりである。理科でも同じで、一時期「STAP 細胞」なるものを訴えた人があったが、「実験を再現できない」等の理由で細胞の存在そのものが否定された。有名な

「STAP 細胞は、あります」

は残念ながら世間には悲しい遠吠えにしか聞こえなかった。[a]

「お前なんかダメだ！！！」に至ってはもう、A 氏の品格を下げるだけでなんの効果もない。興奮して相手の人格を否定するなど、そもそも人間としてどうなのかと思われるだけだ。公衆の面前で A 氏はこのような発言をすることができるか、A 氏の著書で B 氏をこんな風に否定できるか。そんなことをしたらそれこそ世間から総スカンを喰らうだろう。

話を戻そう。だから、テレビの討論番組は「テレビ的演出」なのだ。例えば「政治」について「戦争」について「歴史」について「人物」について、討論する二人の知識は同じだろうか。まずそんなことはありえない。それぞれの生育環境や思想信条、知識経験によって、人には考え方や主張に「こうあってほしい」という「個人の正義」が発生する。「個人の正義」が同じであることなどありえない。

テレビでは学者に対して芸能人が議論をふっかけたり、酷い場合には噛み付いたりしているが、数学の常識からいえば常人が学者に噛みつくことなど、到底できる芸当ではない。前提となる知識とその理解の程度が違いすぎる。

なので筆者は討論番組を見ると

「なんであんなに自信たっぷりに専門家の意見や考え方を堂々と否定、非難できるのかなあ」
「どこからその自信がくるのかなあ」
「どのくらい勉強して、どのくらいの知識を持っているのかなあ」
「その考えの根拠がどこにあって、本当に正しいか調べたのかなあ」
「思い込みや勘違い、情報の間違いの可能性はゼロだと思っているのかなあ」
「未発見の遺跡、文書、証拠が出てきたらどう言うのかなあ」

「そもそも、外野からそういう指摘を受けるスキがある学説なのかなあ」

「100年経ったら外野の意見が正しくなってしまう可能性はないのかなあ」

と思ってしまうのだ。

数学の「激論」は、美しい。

相手を尊重し、理論は簡潔で無駄がない。主張（定理）を相手に理解してもらうための「派手なパフォーマンス」や「動画」、某国の選挙戦などで時に使われる「相手を逆撫する汚い言葉」も必要としない。費用もさしてかからない。黒板とチョーク（紙と鉛筆）だけで十分だ。相手の間違いは上品な言葉で慇懃[b]に指摘すれば済むし、間違いを指摘された方は素直に認めざるを得ない。

しかし、横で聞くにはそれ相応の知識が必要である。知識と理解力のないものには耐えられない退屈さを伴うだろう。視聴率が取れないので、数学の激論がテレビで放送される日は永遠にやってこないと思われる。

なお、筆者には学生時代に「もし教師を辞めたら、二人で漫才でもやるか」と誓った友人がいるので、冒頭の「ボケ合い漫才」を行うにあたっての「相方」を確保していることは付け加えておく。

---

[a] この研究者の名誉のために言っておくが、将来、STAP細胞なるものの存在が証明される日が来ないとも限らない（論理学的に否定できない）。帰納的実験による法則を積み上げるしかない理科の限界である。実際、「それでも地球は回る」は正しかったし、

「ニュートンの古典的な重力法則は、数世紀にわたって無傷のままで生き延びたのち、アルベルト・アインシュタインの一般相対性理論に取って変わられることになった。」

【『フェルマーの最終定理』, サイモン・シン著, 青木薫訳, 新潮文庫刊, 2006年】[35]

数百年の単位で、「実はあれは正しかった」ということが起こる可能性はゼロではない。一方、演繹的な理論構築を旨とする数学には、（新しい定義を構築しない限りは）こういうことは起こり得ない。

[b] 真心がこもっていて、礼儀正しいこと。また、そのさま。ねんごろ。

【大辞泉】[2]

4 数学的帰納法（高2〜）

恥ずかしながら、筆者が数学的帰納法を高校2年生で初めて習ったときは、そもそも「演繹と帰納」や「三段論法」そのものをよく知らなかっ

4 数学的帰納法（高2〜） 135

た。知っていた人には「そんなことは高校生なら知っていて当然」と言われてしまうのかも知れないが、知らない生徒はかなりのハンデを背負ってしまう。

元来、数学とは「演繹」なのであり、「帰納」が使われることはないのだ、という認識があって初めて「数学的帰納法」がなぜ「数学的」なのか、その理解につながる。

数学の教科書に「演繹」「帰納」「三段論法」についての簡単な説明を載せるべきべきである。例えば【広辞苑】[1] では以下の記述量である。このくらいなら教科書に載せられるのではないか。

【演繹】　(deduction) 推論の一種。一定の前提から論理的規則に基づいて必然的に結論を導き出すこと。通常は普遍的命題（公理）から個別的命題（定理）を導く形をとる。数学の証明はその典型。演繹法。

【帰納】　(induction) 推理および思考の手続きの一つ。個々の具体的事実から一般的な命題ないし法則を導き出すこと。特殊から普遍を導き出すこと。導かれた結論は必然的ではなく、蓋然的にとどまる。

（ふりがなは引用者）

【三段論法】　(syllogism) アリストテレスが理論化した間接推理の基本形式。大前提と小前提という二個の命題から第三の命題（結論）が論理的に帰結するもの。

また、【数学史辞典】[15] では、「数学的帰納法」は次のように説明されている。

- 数学的帰納法は、帰納法という用語が含まれてはいるが、自然数 n を与えると定まる命題で、下の（1）、（2）の2つの命題を証明するだけで、それがすべての自然数について成り立つことが証明できる便利な演繹法である。

数学的帰納法

P_n を自然数 n を与えると定まる命題とする。

(1)　P_1 は正しい。

(2)　P_k が正しいことを仮定すれば、P_{k+1} も正しい。

以上、（1）、（2）が成り立てば、任意の自然数 n に対して命題 P_k が成り立つ。

（数学的帰納法の囲み枠、及び圏点は引用者）

教科書のこういった記述をもとに、授業で教員が以下のような説明をすればよい。

> そもそも「帰納法」は、正しくは「不完全帰納法」と呼ばれ、有限回の実験や観察記録によって「おそらくそうだろう」という「法則」が得られる論法に過ぎないのであって、「演繹法」で得られる「定理」を与える論法とは根本的に違う。
> 例えば「人間は必ず死ぬ」といっても、あの人も死んだ、この人も死んだ、ということに過ぎないのであって、「人は死ぬ」という法則は証明されない、ということだ。
> これに対し、演繹法を用いた「完全帰納法」と呼ばれる帰納法がある。
> それが、「数学的帰納法」である。

【『数学嫌いな人のための数学』, 小室直樹著, 東洋経済新報社刊, 2001 年】[34]

数学の指導は、知識経験のない者にまで、何でもかんでも「数学的事実」を教えればよいというものではない。例えば小学 2 年生が「3 − 5 は計算できるの？」と聞いてきたときに「負の数」の存在を教えればよいというものではないだろう。6 年生ならその子の興味と知識欲に鑑みて、場合により個人の能力により教えてやることもアリかもしれない。

高校生もいろいろである。

【数学史辞典】[15] で書かれているような「数学的帰納法」の言葉の意味を正しく指導した上で、「数学的帰納法」の指導を行うことが望ましいかどうかは議論の分かれるところかもしれない。

1. 全員が必ず知っていなければならない内容ではないので、詳しい内容は教科書には書かずに、必要なときに必要と思われる生徒に、教員の責任で授業等で説明して、生徒の誤解がないように徹底指導するか。（当然、欠席者も含めてこの配慮は教員に求められる。）
2. 詳しい内容も教科書に書いて、授業で説明するかどうかは教員の判断に任せるか。（この場合、欠席や教員の「説明の抜け」があっても、生徒が教科書を読めば一定の理解は期待できる。）

令和の高校生よ、どちらが良いか、選んでほしい。

4 数学的帰納法（高2〜）   137

Coffee Break

雑談：あるある

　数学の教員として生きてきた半生の中で、「数学科以外の教員」
や保護者、あるいは「地域運動会後の懇親会で少し気安く話せるよ
うになった町内会の皆さん」との会話の中で必ず出てくるフレーズ
がある。

- 私は数学が苦手でした
- なんであんなものわかるのですか
- 何が面白いのですか
- どうやったらできるようになるのですか。

　一応、社交辞令として自分を下げて相手を上げる手法なのかもし
れないが、中には「わからなかったこと」「できなかったこと」を自
慢のように言う人もある。

　確かに数学を学ぶのには、一定の時間を要する。定義を理解し、
定理（公式）の証明を理解し、定理（公式）を暗記し、練習問題を
解き、「わかったつもり」から実際に「できる」といえるレベルに達
するには更に時間がかかる。しかし本当に理解して、経験を積み、
練習を乗り越えたら、そうそう間違えなくなってくる。そこでよう
やく面白味がわかってくるものである。スポーツも音楽も同じだと
思うが、数学の学習に時間がかかることは否定しない。

　しかし学生時代に数学を毛嫌いしていた大人が、社交辞令として
私個人に投げかけてくる場合はまだ良いのだが、心配するのは家庭
で子供に、両親で吹き込んでいるのではないかということである。

　両親が子供に幼少時から

　　　「数学は苦手だった」　「嫌いだった」
　　　「何が楽しいねん」　「頭おかしいで」

と言い続けたとしたら、子供は「よし、数学がんばろう」と思うの
だろうか。

　少年野球を頑張りたいと思っている子供に両親が幼少時から

　　　「スポーツは苦手だった」「嫌いだった」
　　　「何が楽しいねん」「頭おかしいで」

と言い続けることがあるだろうか。

　ピアノを頑張りたいと思っている子供に両親が幼少時から

　　　「音楽は苦手だった」「嫌いだった」
　　　「何が楽しいねん」「頭おかしいで」

と言い続けることがあるだろうか。

　もちろん、数学に限らず勉強全般について否定的な発言をせず全

力で背中を押している保護者もあるだろうとは思う。しかし、数学に関しては「できなかった」「わからなかった」という保護者が多いと感じるのは筆者の間違った思い込みだろうか。

いや、そもそもそういう保護者世代を作ってきた責任が、我々数学教師にあるのだから、誰かを責めるとしたらそれは数学用語を変えてこなかった我々世代の上 20 年と下 20 年くらいの責任が一番大きいのだろうとは自覚している。

一方で、筆者はマラソンと落語と漢字を趣味としてきた半生でもあった。

マラソンも馬鹿にされる。

「走るのは苦手だった」「嫌いだった」
「何が楽しいねん」「頭おかしいで」

と言われ続けた。そういう人たちは実際にマラソン^{a}にチャレンジしたことがない人たちだった。レースに向けて月に何キロ以上走る、という目標を立て、時には仕事終わりの深夜に、時には仕事前に朝の 5 時半から、日々コツコツと練習を重ね、そうやって初めて完走の自信がつき、実際に完走することができる。楽しくてどんどん挑戦を続け、フルマラソンには飽き足らず、60 キロマラソン、山岳マラソンと完走し続け、ついに 100 キロマラソンを完走したところで区切りをつけて「引退？」した。同好の士とは会話も増え、仲も良くなり、会場で知り合った人とでも親しく会話することができた。しかしチャレンジしない人からはボロクソに言われ続けたものだ。

落語も理解されない。

「じっと聞くのは苦手」「漫才は見るけど」
「何が楽しいねん」「頭おかしいで」

と言われ続けた。落語でも歌舞伎でも能、狂言でも、確かに敷居は高い。古典は特にそうで、現代の我々が聞くと何を言っているのか初めは全くわからない。じっくり時間をかけて何回も聞いて、ようやく面白味がわかってくる。

漢字検定準一級、一級も理解されない。

「漢字は苦手」「時間がない」
「何になりたいねん」「頭おかしいで」

と言われ続けた。二級まではやらないよりはやったほうがいいし役に立つけど、準一級以上は社会でも使わない。お金もかかるし時間の無駄。そういう意見が多かった。でも、同僚四人で連れ立って受験した時は、反省会と称して夕食で漢字談義に花が咲いた。準一級

4 数学的帰納法（高2～）　　139

は必死で勉強して5回目くらいに合格したが、一級は2回ほど受験して諦めてしまった。壁が高すぎる。しかし漱石の小説を読んでいると一級レベルの漢字をさらっと使いこなしていたりする[b]。時代が違うとはいえ、さすがである。漢字の勉強は、特に何かの役に立てようとして始めたわけではなかったが、学校現場と人生において結果的にかなり役に立った。

　周りの人から変人扱いされることを覚悟するなら、学校教員には「漢字検定」と「マラソン」はお勧めである。語彙（ゴイ）が増えて知識が増えて体力がついて余談のレパートリーが増える。
　また、落語や寄席は「自分の話に人を釘付けにする」ための勉強として役に立つ。
　この主張は、なんでも積極的に取り入れる人からは歓迎され、なんでも否定から入る性質（たち）の人からは卑下（ひげ）されるものであることを、筆者の経験が帰納的に物語っている。

---

[a] 42.195km を走るレースをマラソンという。それより短い距離のレースにマラソンの呼称を使用することに反対の立場を取る人たちもいる。ハーフマラソンは 1/2 マラソンということなので字義としては正しいが、10km マラソンや 5km マラソンは字義としておかしいから、だそうだ。なるほど 1/2 成人式は字義として正しいが、10 歳成人式とは言わないようなものか。

[b] 50 ページ参照。

5 「スカラー」と「ノルム」（高 3〜）

　「ベクトル」は、高校数学で邦訳の与えられていない用語の一つである。邦訳する用語とカタカナ語を使用する用語のバランスは大切にすべきであるが、普通に使用する日本語の中に「カタカナ語」が一定数あるのと同様、数学用語にもカタカナ語はあってよい。「誤訳によって与えられた漢字」が余計な先入観や誤解を与えるくらいなら、邦訳しにくい用語はカタカナの方がよい場合もある。

　さて、教科書に「ベクトル」という用語が初めて登場したときに、同時に「スカラー」という用語をデビューさせる意味がある。ベクトルとは、

　　　「n 個の『数の組み合わせ』を一つの数として扱う

　　　　　　　　　　　　　（n は $n \geqq 2$ の自然数、高校では $n = 2,\ 3$）」

ことがその本質であり、その『数の組』に対してどのようにして和を、積[*11]を定義するのか、ということが指導のポイントである。

　したがって、「今まで普通に扱っていた数」（実数）はこれとは区別して語る必要があるのであり、初めて登場するスカラーという言葉に強いインパクトを纏わせて華々しく登場させることが望ましい。ベクトルを学ぶのが先か、「複素数」や「複素数平面」を学ぶのが先か、順序にもよるが、「複素数はベクトルだ、スカラーではない。」という事実は生徒の理解を助けるだろう。

　ところが、教科書の小見出しは

　　　「ベクトルの実数倍」

という体たらく[*12]である。

> 　これは古くから言われていることだが、文科省レベルでも出版社レベルでも、数学の教科書と理科の教科書は互いの連絡が十分に取れているとは言い難い。たとえば令和 6 年度の全て[*13]の「物理基礎」（主に 1 年生で履修）の教科書で、大手を振って「スカラー」が登場している。数学の教科書には登場しないのに、である。
>
> 　「物理基礎」では直線上の点の動きを主に扱うので、「ベクトル」の記号は登場したりしなかったりであるが、これが「物理」（主に 2 年生以上で履修）の教科書になると全ての教科書に「ベクトルの記号（たとえば $\overrightarrow{a}$）」が登場する。「数学 III の教科書」よりも「物理の教科書」の方がずっとわかりやすい。単純に、「物理」を選択しない生徒はこの点において格段に不利である。詳しくは 143 ページで述べている。

[*11] 外積とか内積とか

[*12] ありさま。ようす。ざま。現在では、ののしったり自嘲をこめたりして、好ましくない状態にいう。　　　　　　　　　　　　　　　　　　　　　　　　【大辞泉】[2]

[*13] 本書で扱う（A 社）から（E 社）、以下同じ

5 「スカラー」と「ノルム」（高 3〜）　　　**141**

　　高校生の皆さん、数学の先生に物理の教科書を読んだことがあるか、数学 III の
　教科書と比べてみたことがあるか、聞いてごらん。（皮肉ではなく、多くの学校で、
　先生方はそんな暇はないほど忙しいというのが実情ではある。先生方を責める気に
　はなれない。）

　ベクトルとスカラー、というカタカナ語は生徒には新鮮で強烈なのであ
り、素材は十分に「新鮮」で「美味しい」ことは間違いない。あとは、「料
理」の仕方だ。
　まずは「スカラー」という言葉を教科書に取り上げ、ベクトルの「大き
さ」と「内積」は「スカラー」なのだ、と強調した指導をしたい。*14

　ところで気になるのは、高等学校で「ノルム」という用語が使用されな
いことである。これには大反対なのである。
　現在の教科書は

（A 社）ベクトルの大きさ

$$\vec{a} = (a_1,\ a_2)\ \text{のとき} \qquad |\vec{a}| = \sqrt{a_1{}^2 + a_2{}^2}$$

と書かれている。
しかし黒木はこう言う。

- これらの記号 (筆者註　$|\vec{x}|, \|\vec{x}\|$ のこと) は絶対値とかノルム（norm,
　ドイツ語で基準）とかいわれるものである。
　── **（中略）** ──
　絶対値というのは数直線上で考えたときの、原点 0 からの距離を表
　している。したがって $|-3| = 3$ であり $|3| = 3$ である。
　── **（中略）** ──
　この場合 (筆者註　複素数の場合のこと) も、実数の場合と同じ記号で
　$|2 + 3i| = \sqrt{13}$ と表す。
　── **（中略）** ──
　これをワイエルシュトラスは絶対値と呼んだがガウスはノルムと命
　名した。
　同様にして一般に、平面のベクトル $x = (x_1,\ x_2)$ に対しても、
　原点から点 $(x_1,\ x_2)$ までの距離はピタゴラスの定理を用いると、
　$\sqrt{x_1{}^2 + x_2{}^2}$ と書ける。これをベクトル x*15のノルムといい、$\|x\|$
　と表す。つまり、ベクトル x の長さのことで

---

*14 ベクトルの演算は、和・差はベクトルになるのに、内積はスカラーになる、というと
　　ころが**指導のポイント**である。
*15 大学などではベクトルを $\vec{x}$ ではなく x で表すこともある。

$$\|\boldsymbol{x}\| = \sqrt{{x_1}^2 + {x_2}^2}$$

【『なっとくする数学記号』，黒木哲徳著，講談社刊，2001 年】[24]
（圏点引用者）

もし、そういうことなのであれば日本の高校教科書では

- ワイエルシュトラス[*16]が使用した「絶対値」を採用し、
- ガウスの選んだ「ノルム」を不採用とした、

ということになる。しかしこれはよくない。

「ベクトルの大きさ」の記号が「絶対値」の記号と同じであることから、高校現場では、どれほどの高校生がその記号の意味を誤解し、内容を取り違え、マスターするのに無駄な時間をかけていることか。

高校の先生だって、正しく理解して使い分けているはずなのに、思わず「$\vec{a}$ の絶対値」と口にしてしまう過失があるだろう。教科書には「ベクトルの大きさ」と書いてあるのだから、プロなんだから、「ベクトルの絶対値」などと口にしてはいけないはずなのに、つい、過失で口にしてしまう先生だってあるだろう。

大学では平然と「ノルム」を使用し、記号 ($\|\vec{x}\|$) を使用する。なぜこの記号を高校に導入してはならないのか。

どうですか高校生！ 今、やっとわかった、という人はありませんか。

記号は分けたほうが良いのではないですか。

「実数の絶対値」と「ベクトルの大きさ」、この二つの違うものを一つの記号で表す不自然さが、生徒を混乱に 陥 れる。誰かがどこかで声を上げ
ない限り、この過ちは永遠に繰り返される。

そうと分かっていて何もしないのは、果たして正義なのか。日本の数学教師の正義とは何だろうか。知っていたけれども、噂で聞いてはいたけれども、当時はそんなことを言い出せる雰囲気ではなかった、などと言い訳するのだろうか。

> 「$|\vec{x}|$」は直ちに「$\|\vec{x}\|$」に改めよ！

というのが筆者の主張である[*17]。

[*16] （Karl Theodor Weierstrass）［1815 ～ 1897］ドイツの数学者。冪級数を用いて複素数が変数の場合の関数論を基礎づけ、また微分できない連続関数を発見。

【大辞泉】[2]

[*17] 反対派は当然、「記号が増えることを危惧する」という。もちろん、若い教員が判断してそちらの方の意見が多いのであればそれは構わない。

6 速度・加速度（高3〜）

　数学 II で速度・加速度を学習する。そこでは、微分積分との絡みを中心に話が展開される。

　つまり、位置関数を微分すると速度関数になり、速度関数を微分すると加速度関数になる、といった方向性である。逆は積分で与えられる。これは理系生徒にとっては物理でも学習することであり、その限りにおいて不自然さはない。

　これが数学 III になると、平面上の動点について速度・加速度を学ぶ。平面上を動く点については x 成分と y 成分を考えるのだから、当然、微分も積分も二つの成分に対して行わなくてはならない。教科書に「ベクトル」と書いてくれるだけでその意識ができるのに、それを書かないから多くの生徒は数学 II と同様に考えてしまう。

　2007 年の発表で筆者は、

> 　しかし、これが数学 III になると状況は変わる。平面上の点の動きに対して「速度・加速度」を定義するのだ。このときに教科書では大きなミスを犯している。それは「速度ベクトル」、「加速度ベクトル」と表現していないことである。
> 　教科書に「ベクトル」の言葉を書くべきである。そうすれば『なぜ数学 II ではベクトルと言わなかったのに、数学 III ではベクトルというのか、違いは何なのか。』と考えるきっかけになる。

と書いた。

　現在の教科書は以下のような実態である。

（B 社）

―（前略）―

　これらを成分とするベクトル $\vec{v} = \left(\dfrac{dx}{dt}, \ \dfrac{dy}{dt} \right)$ を時刻 t における点 P の**速度**という。

―（中略）―

　また、速度 $\vec{v}$ の大きさ $|\vec{v}|$ は、$|\vec{v}| = \sqrt{\left(\dfrac{dx}{dt} \right)^2 + \left(\dfrac{dy}{dt} \right)^2}$

であり、これを点 P の**速さ**という。

―（中略）―

144   第6章　やや専門的な話～その2～

> 　　これらを成分とするベクトル　$\vec{\alpha} = \left(\dfrac{d^2x}{dt^2},\ \dfrac{d^2y}{dt^2} \right)$ を時刻 t
>
> における点 P の**加速度**という。
>
> ──（中略）──
>
> 　　また、加速度 $\vec{\alpha}$ の大きさ $|\vec{\alpha}|$ は、$|\vec{\alpha}|$ =
>
> $\sqrt{ \left(\dfrac{d^2x}{dt^2} \right)^2 + \left(\dfrac{d^2y}{dt^2} \right)^2 }$ である。

（D 社），（E 社）も同じような表現であった。

　立場を弁えない僭越な発言をさせてもらえれば、「ベクトル」という言葉が登場したことは大いに評価する。

　しかし、ベクトル $\vec{v}$、ベクトル $\vec{\alpha}$ を成分表示しているのに、**速度**、**加速度**としか言っていない。

　はっきり**速度ベクトル**、**加速度ベクトル**と書かない理由、合理的な理由を知りたい。なぜこのような中途半端な表現をするのか。別の教科書を見てみる。

（A 社）

　──（前略）──

そして、これらを組にしたものを、記号 $\vec{v}$ を用いて、

$$\vec{v} = \left(\frac{dx}{dt},\ \frac{dy}{dt} \right)$$

と表す。この $\vec{v}$ を時刻 t における点 P の**速度**という。

また、速度 $\vec{v}$ の大きさ $|\vec{v}|$ を

$$|\vec{v}| = \sqrt{ \left(\frac{dx}{dt} \right)^2 + \left(\frac{dy}{dt} \right)^2 }$$

と定める。この $|\vec{v}|$ を点 P の**速さ**という。

さらに、点 Q の加速度 $\dfrac{d^2x}{dt^2}$ と点 R の加速度 $\dfrac{d^2y}{dt^2}$ の組を、記号 $\vec{\alpha}$ を用いて、

$$\vec{\alpha} = \left(\frac{d^2x}{dt^2},\ \frac{d^2y}{dt^2} \right)$$

6　速度・加速度（高3〜）　　145

と表す。この $\overrightarrow{\alpha}$ を時刻 t における点 P の**加速度**という。
また、

$$|\overrightarrow{\alpha}| = \sqrt{\left(\frac{d^2x}{dt^2}\right)^2 + \left(\frac{d^2y}{dt^2}\right)^2}$$

と定め、これを**加速度の大きさ**という。

　本書は教科書の批判をするために上梓したのではないから、一概に「悪い」と決めつけてどうこう言うつもりはない。しかし、

- 「これらを組にしたもの」を
- 「記号 $\overrightarrow{v}$ を用いて」

というのはどうにも承服しかねる。ましてや

　　「速度 $\overrightarrow{v}$ の大きさ $|\overrightarrow{v}|$ を
$$|\overrightarrow{v}| = \sqrt{\left(\frac{dx}{dt}\right)^2 + \left(\frac{dy}{dt}\right)^2} \text{ と定める。」}$$

とはどういうことか。「と定める」のか。ベクトルが与えられたらその大きさは自然に決まるものではないのか。執筆者陣には知り合いもいるので申し上げにくいが、このような表現をする意図を知りたい。
　一方、（C 社）は

（C 社）

　これらを成分とするベクトル

$$\overrightarrow{v} = \left(\frac{dx}{dt},\ \frac{dy}{dt}\right)$$

を、時刻 t における点 P の**速度**または**速度ベクトル**という。
　また、$\overrightarrow{v}$ の大きさ　$|\overrightarrow{v}| = \sqrt{\left(\frac{dx}{dt}\right)^2 + \left(\frac{dy}{dt}\right)^2}$
を時刻 t における点 P の**速さ**という。
　更に、時刻 t における点 Q、R の加速度を成分とするベクトル

$$\overrightarrow{\alpha} = \left(\frac{d^2x}{dt^2},\ \frac{d^2y}{dt^2}\right)$$

を点 P の加速度または加速度ベクトルといい、

$$|\overrightarrow{\alpha}| = \sqrt{\left(\frac{d^2x}{dt^2}\right)^2 + \left(\frac{d^2y}{dt^2}\right)^2}$$

を加速度の大きさという。

(圏点引用者)

　と書いており、こちらは一番しっくりくる。本文の中にきっちりと「速度または速度ベクトル」「加速度または加速度ベクトル」という言葉を載せている。注文をつけるとすれば「速さ」のところを「速度ベクトル $\overrightarrow{v}$ の大きさまたは速さ」と書いてほしい。「加速度の大きさ」と対応するので。

　　141 ページでも述べたが、「物理基礎」「物理」の教科書のほうがずっと親切で、わかりやすい。「変位ベクトル」や「合成速度もベクトルである」という表現をする教科書もあった。「物理基礎」「物理」の教科書では、全社ではないが太字の新出用語にいちいち英訳をつけている。節のタイトルに英訳を添えている教科書もある。
　　なぜ同じ国の教科書なのに統一性がないのだろう。なぜ数学の教科書はこういう視点がないのだろう。教科書は、生徒の理解を第一に、教科を横断して、生徒の視点に立って考えてもらいたいものである。

6 速度・加速度（高3〜）   **147**

Coffee Break

雑談：はひふへほ2

はひふへほん、には続きがある。

「範、品、分、変、本」を「推奨すべきはひふへほ」とするならば、こちらは「やってはいけないはひふへほ」とでも言おうか。

順序を逆にして「ほ、へ、ふ、ひ、は」の順で話そう。

- 「ほ」は「放置」である。

    人間、面倒なことは後回しにして、後からやろう、と思うことが多い。結局、締め切り間際になって、慌ててやり始めるのだが、ナニが足りない、アレが間に合わない、必要なものが出てきたのにもう店は閉まってる、などとなって結局中途半端なものになってしまう。学校の宿題、洗濯物、キッチンの洗い物、換気扇の掃除、行きたいのに行っていないところ、やりたいのにやっていないこと、、、、まあ、少し年齢を重ねた大人なら、そういう経験は山ほどあるだろう。

    まあしかし、とんでもないことになったり、人に迷惑をかけたり、そういうほどのことでもない。「放置」はそういう意味で「少しのことでも面倒に感じてしまう」、人間の心に棲む「悪魔の誘惑」なのかもしれないが。これは「やってはいけないこと」の一番軽いものだろう。

- 「へ」は「屁理屈」である。

    「宿題はやったんか？」

    「今からしようと思ってたのに！」

    ——誰かに何かを命じられたとき、頼まれたとき、人は「嫌だな」と思うことがある。「今やろうと思ってたのに」「なんでお前に命令されなあかんねん」「この間やった時には〜〜で、、、」。

    やっても仕方ない理由、やらなくても良い理由を必死で探して抵抗しようとする。この時発せられる言葉、これを「屁理屈」という。

    まあ、そうは言っても結局やらなければならないのだし、どうせやるなら気持ちよくやれば良いのに余計なひと言を言ってしまうのが人間である。「屁理屈」を言わずにさっさとやってしまおう。

- 「ふ」は「不実」。

    まあ、平たく言えば「嘘」だね。嘘はいけない。これは「やってはいけないこと」として随分レベルが上がってくる。

    人は、とりあえずのその場しのぎで「小さい嘘」をついてしまうことはある。これは誰しも子供時代には経験があり、

嫌な思い出として残っていることだろう。その嘘のために事態をうまく切り抜けられ、自分に火の粉がかかってこなかったとしても、「いい思い出」にはなっていないものだろう。

　なのに人は、大人になってからも「嘘をつく」ことがある。そして、「バレる」。

　　　天知る、地知る、我知る。

　誰もみていなくても、自分はその嘘を、その不実を知っている。昔は「地獄で閻魔さんに舌を抜かれる」などと子供を戒めたものだが、今の子供達はどうなのだろう。いや、令和の大人たちがすでに「嘘まみれ」「言い訳まみれ」の醜態を子供達に見せ続けているのだから、筆者も含めてあまり偉そうなことは言えないのかもしれない。

　それでも、
　★　「嘘はいけない」。
　★　「嘘は、必ずバレる」。
　嘘がバレたら、また次の嘘で塗り固めていかなくてはならない。どんどん嘘が大きくなる。最終的には取り返しのつかないことになって、「信用」を失う。
　「信用」を失うほど、怖いことはない。
● 「ひ」は「卑怯」である。
　たとえば、「万引き」は卑怯な行為である。
　商売をしている人は、真面目に、家族のために、顧客のために、社会のために、誰かのために、一所懸命に頑張って働いている。
　サラリーマンだって、泥まみれになって、地を這いつくばって、自分は悪くないのに人のために頭を下げ、毎日汗だくになって誰かのために頑張っている。
　パイロット、農業・漁業に携わる人たち、土木建築に関わる人たち、学校の先生、医者、看護師、芸能人、歌手、専業主婦もその他の職業も、みんなみんな、大人になって社会に出て何かしらの職業に就くということは、ある意味、自分のことは後にして、人のため、子供のため、家族のため、罵詈雑言を浴びせかけられながらでも、それでも毎日歯を食いしばって頑張っているのだ。
　それらの人の行為、努力を無にして嘲笑う行為を「卑怯」という。
　万引きは「誰かのために人生を賭けて頑張ることを馬鹿にする行為」だから卑怯なのである。
　子供に、小さいうちに、徹底的に植え付けるべき概念、それは「卑怯を憎む心」である。中高生に教育するのに年齢的にもう遅い、ということもあるまい。多言を要しない。

6 速度・加速度（高3〜）

「卑怯を憎め、中高生。」
- 「は」は「恥」である。
  高校生の頃、筆者に向けて言われたわけではないが、
  「男の恥を知れ、恥を！」[a]
  という言葉に触れた。衝撃だった。強く印象に残った。
  この言葉だけは絶対に人に言われたくないと思った。
  これも多言を要しない。自分で学べ、中高生。
  「恥を知れ！」は「言われてはいけない言葉」の最高峰である。その裏に「何をやってはいけないか」の答はあるだろう。
  時代錯誤（さくご）という誹（そし）りはあるかもしれないが、会津若松に伝わる「什（じゅう）の掟（おきて）」は何かしらの参考になるだろう。

　君たちは、この教訓を教えてくれたヒーローがいたことを覚えているだろう。彼はいつも叫んでいた。
　　「は〜ひふへほ〜〜〜〜！！」
そう、パンのヒーローの宿敵、その人である。

---
[a]「男の」という接頭語がついたのは、向けられた言葉の対象が対象が男性だったからである。当然、女の恥だってある。

第7章

さあ、数学を始めよう

1 教科書の「はじめに」とは（高1〜）

　高校の数学Ⅰの教科書の初めに書かれることはおおよそ決まっている。
筆者が高校に入学したときのことを思い出してみる。

　中学ではそれなりに数学にも興味をもち、頑張って学習を進めてきて、
いよいよ高等学校の「数学Ⅰ」の教科書を手にしたとき、教科書の第1章
第1節を開けて、初めに目に飛び込んできたのはおおよそ次のような内容
である。

　　　　「いくつかの文字と数を掛け合わせてできる式を**単項式**という。単
　　　　項式において、その数の部分を**係数**といい、掛け合わせる文字の個
　　　　数を**次数**という。」

　確かにそうなのだが、なんとなく拍子抜けした覚えがある。

　まあ、中学で2乗までだったものが（当時の）「数学Ⅰ」では3乗が出てく
るし、2文字であったところが3文字になる。公式がたくさん出てきて、
中学の教科書より無味乾燥なような、ぶっきらぼうな、突き放すような、
そういう印象の教科書であった。

　書かれていることを真面目に読み、理解につとめ、練習問題を解いた。

　高校生の頃の筆者は、教科書の第1章第1節のページの前に、「はじめ
に」のような文章があったかどうか、気にも留めなかった。当時の自己弁
護ではないが、高校1年生なんて、そんなものではないだろうか。

　高校へ入って、「さあ、数学がんばるぞ」と思っている1年生に、なに
かこう、数学の崇高さと気高さ、透明さと明快さを見せてやり、目指すべ
き高みへ向けての心構えを与えるよいものはないかと思っていた。

いろんな先生方がいいことをたくさん書いている。こういう「はじめに」があっても良いのではないか。

【『オイラーの贈り物』，吉田武著，ちくま文芸文庫刊，2001 年】[20]

数学は "言葉" である。
従って、用いる用語一つひとつの意味が、確実に、しかも唯一つに定義されないと、他者との "会話" は成り立たない。
定義に従って有意義な結果を得たとき、これを定理といい、特に、簡単な式の形で表現できるとき公式と呼ぶ。
すなわち、数学において基礎となる最も重要なものは、定理（公式）ではなく定義である。

それぞれが新入生にとって目新しく、心に刺さるのではないだろうか。こんなのもある。

【『日本の数学事典』，上野富美夫著，東京堂出版刊，1999 年】[12]

- 説明なしで使う基本的術語のことを数学では「無定義術語」と呼ぶ。
  ── （中略）──
  説明なしでも一応は承服できる主張、またはだれが見ても疑うことのできない正しい原理をその理論の「公理」と呼んでいる。
  無定義術語と公理とは、数学の証明の出発点にあたるものである。
- 数学上の用語の意味を正確に規定する文章または式を、その用語の「定義」という。
  ── （中略）──
  説明がすんで正しいと認められる主張のことを「定理」と言い、その説明の方をその「定理の証明」と呼ぶ。

公準、無定義術語、公理、数学の証明の出発点、定義、定理、証明、それぞれの単語がおそらく新入生にとって刺激的であろう。

ところで、「定義」という言葉を「定義」している本は少ない。筆者は数学の教科書のはじめに書くべきはたとえば

- 数学とは言葉である
- 定義と公理と公準について
- 定理とは、公式とは
- 原理と法則の違い
- 数学と理科の違い
- 演繹と帰納について

1 教科書の「はじめに」とは（高1〜） **153**

- 誤訳について（これは本書の出版後、主張が全て認められた後は不要である）

などであると思っている。（これは極論の「端っこ」なので、全てを期待するわけではない。難しすぎるもの、2年生、3年生の教科書の「はじめに」で語るべきものもあろう。）

例えば「定義」は次のように定義される。

【定義】definition
一般に用語の意味を明確に規定する文章（式を含んでもよい）を定義という。例えば、＜4頂角がすべて直角である四辺形を長方形という＞は長方形という用語に対する定義である。

【『世界大百科事典 改訂新版』，平凡社刊，2007年】[5]

各社の数学Ⅰの教科書の表紙の裏の写真、あるいは「はじめに」にあたるものはそれぞれ工夫されているのだが、いずれも筆者の琴線に触れるものではなかった。これは好みの問題もあるので批判するつもりはないが、そのように言うからには「筆者ならこうする」、ということを書かないと何だか申し訳ない。

何でもそうだが、両極端の間に正解があるはずだ。

まあ、極端に一方の側に振ればこういう書き方もあり、何もしなければゼロであり、おそらく正解はこの間にあるのだ、という観点でご覧いただければ幸いである。

古代からの手紙

君はプリンプトン 322 を知っているか。

約 4000 年前の人類が記した粘土板（幅 13cm、高さ 9cm、厚さ 2cm、手で形を作ってみると意外と小さい）に記された数字の表である。古い研究ではこれは、三平方の定理の表だとされてきた。$3^3 + 4^2 = 5^2$ の類（たぐい）の数字が、鋭角の大きさの順に（これも驚異）、15 組も書かれているのである。

ID	a	b	c	角度
1	119	120	169	88
2	3367	3456	4825	84
3	4601	4800	6649	82
4	12709	13500	18541	79
5	65	72	97	73
6	319	360	481	70
7	2291	2700	3541	65
8	799	960	1249	63
9	481	600	769	59
10	4961	6480	8161	55
11	45	60	75	53
12	1679	2400	2929	48
13	161	240	289	45
14	1771	2700	3229	44
15	56	90	106	41

→　例えば $12709^2 + 13500^2 = 18541^2$ を電卓なしに見つけたということになる。筆者は、これを「驚き」以外の言葉で表現する術（すべ）を知らない。

彼らはどういう思いでこれらの数字を記録したのだろう。何に必要だったのだろう。おそらく何か記録せねばならない事情があったのだろう。自分たちの仕事に必要だったのか。研究の成果として後世の人間に伝えたかったのか。

君たちは三平方の定理を満たす自然数の組（Pythagorean triple ともいう）をいくつ言えるだろうか。今ではそれは一般に

$$m^2 - n^2,\ 2mn,\ m^2 + n^2 \quad (m,\ n は m > n である自然数)$$

であることが知られているが、彼らはそれを知っていたのだろうか。

いずれにせよ、エアコンも車もスマホもない、4000 年前の人類がこれだけ多くの Pythagorean triple を不便な粘土板に不便な筆記用具で時間をかけて記した様子を想像してみると、何だかタイムマシンで現地へ行って話しかけたくなる。

当時、彼らが 21 世紀の我々に届くと考えていたとは思えない。それは現在の我々が西暦 6000 年を想像できないのと同じくらい、想像できなかったはずだ。

　しかし、もし彼らが、「21 世紀の人類が解読してくれる」ことを少しでも期待していたとして、彼らは「21 世紀の人類はまだ戦争をしている」と考えていただろうか。それとも書き記したこの定理が発展してゆき、ついには 21 世紀にもなれば地球上から戦争がなくなっていることを期待していただろうか。
　私たちは彼らに謝らなければならない。

> 「数学は、あなた方の想像を遥かに超えるレベルにまで発展を遂げました。コンピュータやインターネットによりあなた方が想像できないレベルの幸せを手に入れることができました。しかし、世界中で飢えや貧困は無くならず、そして人類はまだ、戦争をしています。
> 　――申し訳ありません。」

　プリンプトン 322 の話については、最近の研究では新説も出てきており、今後の研究に注目したい。

　君たちは、これから高等学校の数学を学ぶ。卒業する頃には、今の知識からは想像もできない膨大な知識と技術を身につけていることだろう。
　君たちはその知識と技術を、何のために使用するか。
　また 20 年後に、

> 「そして人類はまだ、戦争をしてます。
> 　――申し訳ありません。」

と同じことを言うのか。

　勉強は、自分のためにするのではない。
　この世のどこかの誰かのために、未来の誰かの役に立つために、今の自分のエネルギーを燃やすのである。
　かつて先人がそうしてくれたから、今の技術がある。
　勉強すれば、そういう世界が見えてくる。さて、西暦 6000 年には、戦争は無くなっているだろうか。

　さあ、数学を始めよう。

知的生命体

　知的生命体をどのように定義するかは議論の分かれるところだが、所謂「人間のような考える力を持った動物」の知性を測るための指標とは何か。——それは数学である。

　「言語」は地球上でさえ統一されていない[a]し、同じ言語ですら方言などにより様々な違いがある。したがって言語能力の高い低いとか言語能力が優秀かどうかを客観的に判断する指標を設定することは難しい。
　「歴史」は、国によって星によって違うし、遺跡が全て発掘されるわけではなく知識も違い解釈も様々である。定説ができても新たな遺跡が発掘されれば理論は更新されるので比べようがない。
　「物理学」なら、と思いがちであるが違う星では地球とは重力が違うので同じ尺度で測れない。

　　　　やはり、数学なのである。

　カールセーガン[b]原作の「コンタクト[c]」は小説、映画ともに中高生の自然科学に対する知的好奇心をくすぐるに必要かつ十分な要素を含んだものであると信ずるが、劇中にこんなシーンがある。

　地球外生命体から暗号が送られてくる。初めは何のことかわからなかったのだが、しばらく聞いていた科学者があることに気づく。ある数学的事実を信号で送ってきていたのだ。もし「この信号の意味を理解できる生命体」の存在する星があるならば、何らかの方法で返信があると踏んで、かの星から送信しているという設定である。

　小説では円周率も良い役割を演じるが、例えば地球外生命体と何らかの言語を通して意思疎通が可能となったとき、相手の星の知的レベルを測りたければ、

　　　　「あなたの星では円周率は何桁まで判明したのか？」

と問えば一つの指標になるだろう。
　30 年後にはあなたが宇宙の秘密を解明する仕事についているかもしれない。

　さあ、数学を始めよう。

---

[a] もちろんできないしするべきではない。
[b] Carl Edward Sagan, 1934 – 1996
[c] 特に映画好きでもない筆者でも、「中高生が見るべき映画ベスト 4」があって、それは

1 教科書の「はじめに」とは（高 1〜）

- 「猿の惑星」（Planet of the Apes　1968 年。フランクリン・J・シャフナー監督）
- 「バック・トゥ・ザ・フューチャー」（Back to the Future　1985 年。ロバート・ゼメキス監督）
- 「コンタクト」（Contact　1997 年。ロバート・ゼメキス監督）
- 「生きる」（1952 年。黒澤明監督）

である。

正義の主張

　2人以上の人間が集まると、必ず諍いが起こる。

　大きいか小さいか、どちらかが矛を納めて何もなかったことにするか、大戦争に発展するかはその時々であろうが、必ず起こっているはずだ。

　これはお互いの「正義」が違うのが原因である。

　多くの場合、好き好んで諍いを起こそうとして起こしている人はいないはずだ。

　例えば会社の会議でAさんの提案とBさんの提案が違ったとする。2人は会社を潰そうとして提案をしているか。そんなことはないはずだ。

　Aさんの案は稚拙で突拍子もなく改革的で無茶かもしれない。

　Bさんの案は穏便で保守的で前例主義的でつまらなく見えるかもしれない。

　しかし、それぞれが会社のためを考えて提案しているはずだ。ではなぜ主張が対立するのか。

　　　「正義」が違うからだ。

　相手を説得しようとして相手の「案」を否定しようとすると失敗する。相手の「正義」を確認し、自分の「正義」を説明し、その違いをすり合わせる。お互いが相手の主張の「正義」を理解して認めて譲歩して、自分の「正義」の修正を拒まなければ、大きな諍いや争いを避けられるかもしれない。いってみれば「正義の法則」である。

　諍い、争いを生まないために、まずこのことを知っておこう。

　知識として「正義の法則」を知らなければ、諍いが起こった時に憤然としたり、やりきれない思いで腹が立ったりするものだ。

　知っていればうまく立ち回って争いを避けるか、諍いが起こりそうになった時に回避できる。万一、諍いが起こってしまっても「まあ、そういうものだ」と納得できる。

　しかし人間はわかっていてもできない、譲れない場合がある。どうしてもウマの合わない、ソリの合わない人はあるものだ。そういうとき、数学の発想で考えてみる。

　例えば

　　　「$\sqrt{2}$ が有理数であることが証明された！」

という人が現れたとする。

　数学を正しく学んだ者ならばこんなとき、一つも慌てない。そ

1 教科書の「はじめに」とは（高1～） 159

んな訳はないからだ。正しく、「$\sqrt{2}$ が無理数である」ことを説明してあげれば済むからだ。

ここからが重要なのだが、数学を正しく学んだ人がその説明をするとき、大声で怒鳴りつけるだろうか。

机を叩いて、相手を罵（ののし）りながら「$\sqrt{2}$ が無理数である」ことを主張するだろうか。

相手が違う意見を表明しようとするのを制して、意見を聞かずに自分の意見を強制するだろうか。

あるいは、嘘泣きをして大騒ぎして、周りの同情を買いながら「$\sqrt{2}$ が無理数である」ことを主張するだろうか。

「否（いな）」である。

正しいことを正しいと主張して相手に伝えるために、恫喝（どうかつ）[a]や涙は必要ない。数学はそんな卑怯な手段を使わなくても、必ず相手に納得してもらう手法を持っているのだ。

これを「証明」という。

これから学ぶ数学を通して、正しい理論を正しい方法で学ぶことにより、論理力がつく。

もし誰かと主張が対立しても、落ち着いて冷静に自分の主張を語ることができるようになる。

誰かが恫喝したり、大声を出したり、暴言を吐きながら人格否定しながら机を叩いたりして脅してきたとしても、あるいは嘘泣きで人の感情に訴え、さも自分が正しいかのような主張をされたとしても、あなたは冷静に自分の主張を淡々と述べれば良い。大声も、涙もいらない。

正しいものは、正しいのだ。

山の頂上のパン屋や森の中の蕎麦屋がつぶれないのは、店主の腕により生み出される確かな味が、不要な宣伝や大声や恫喝や泣き落としを必要としないからだ。確かな味とは何か、周りの人間が判断してくれるからだ。

これと同じように、あなたの主張が本当に正しいものであれば、それは誰の脅しにも屈しない。何が正しいか、それは歴史が判断してくれる。

そのための論理を学べるのが数学である。

さあ、数学を始めよう。

---

[a] 人をおどして恐れさせること。おどし。　　　　　　　　　【大辞泉】[2]

160　　　　　　　　　　　　　　　第7章　さあ、数学を始めよう

円周率

半径 r の円の円周の長さを L とするとき、円周率を

$$\pi \equiv \frac{(円周)}{(直径)} \left(= \frac{L}{2r} \right) \tag{7.1}$$

と定義する。記号 $\equiv$ は「定義する」という意味だ。
これが本来の表現の仕方である。

■「＝」には3つの意味がある。

1. 「$2+3=5$」の「＝」。
   これは、（左辺）の計算結果が（右辺）に「なる」という意味。「→」で置き換えて「$2+3 \rightarrow 5$」とするとイメージがわかりやすいかもしれない。
2. 方程式「$3x+2=0$」の「＝」。
   これは、（左辺）と（右辺）が「等しい」という意味。上皿天秤^{うわざらてんびん}が釣り合っているイメージでよいだろう。天秤が釣り合っているので、両辺に同じ数を足しても引いてもかけても（0でない数で）割っても構わない。こちらは「$3x+2 \rightarrow 0$」とは書けない[a]。

   > そもそも「方程式」の意味がわかっていない大人も多い。これは高等学校で学ぶ「恒等式」を学べばわかりやすい。「方程式」を知るために「非方程式」を考える、という理屈だ。
   > たとえば「方程式 $x^2-1=0$」を成り立たせるのは、特定の値（この場合は 1 と -1）しかない。これを「方程式の根（解）」という。一方、「恒等式 $x^2-1=(x+1)(x-1)$」は、x の値は何でもよい。まさに「恒^{つね}」に「等」しい「式」なのである。
   > 「恒等式」はこのように日本語として字義解釈が可能である用語であるのに、「方程式」は字義を解釈して「方」に「程」する「式」などとは読めない構造である点が、生徒に混乱を生む理由となっている。

3. 「円周率」を定義するときの「$\pi = \dfrac{(円周)}{(直径)}$」の「＝」。

   これは、「$\overset{バイ}{\pi}$ というものを $\dfrac{(円周)}{(直径)}$ と定義する」と読む。

   「$\overset{バイ}{\pi}$ が $\dfrac{(円周)}{(直径)}$ に等しい」と読んではいけない。

   これは、$\dfrac{(円周)}{(直径)}$ によって得られるものを π（円周率）と呼ぶことにする、という「宣言」なのである。この「＝」は、本来「$\overset{\text{def}}{=}$」、「$\triangleq$」、「$\equiv$」などと書くのが正しい（以下、「$\equiv$」を用いる）。[b]

1 教科書の「はじめに」とは（高1〜） **161**

　　日本の数学教科書で困るのは、この「＝」と「≡」の区別をせず、全て同じ「＝」で表現されていることである。
　　なのでここではきちんと

$$\pi \equiv \frac{L}{2r}$$

と書くことにする。皆さんは

　　「（円周の長さ）＝（直径）×3.14」
　　「（円周の長さ）＝（直径）×（円周率）」
　　「$L = 2\pi r$」

などを「公式」として「暗記」していないだろうか。実はこれは公式ではなく定義そのものなのである。
　　(7.1)式の分母を払って得られる式「$L = 2\pi r$」のことを「公式をして覚えさせられていた」のだということになる。本来は覚えるのは (7.1)式の方で、これを暗記していれば「$L = 2\pi r$」は分母を払うだけで導き出せる。
　　一人で勉強していては気づかないので、こういうことを学校の先生や参考書や本書のようなものから学ばなくてはならない。
　　(7.1)式で定義された円周率は、その後の研究により様々に表現されることがわかっている。高等学校の数学の範囲を超えてしまうが、結果のみを表せば次のようになる。

$$\frac{\pi}{2} = \frac{2^2}{1 \cdot 3} \cdot \frac{4^2}{3 \cdot 5} \cdot \frac{6^2}{5 \cdot 7} \cdot \frac{8^2}{7 \cdot 9} \cdots \qquad (7.2)$$

$$\frac{\pi}{4} = 1 - \frac{1}{3} + \frac{1}{5} - \frac{1}{7} + \cdots \qquad (7.3)$$

$$\frac{\pi^2}{6} = \frac{1}{1^2} + \frac{1}{2^2} + \frac{1}{3^2} + \frac{1}{4^2} + \cdots \qquad (7.4)$$

$$\frac{\pi}{\sqrt{12}} = \frac{1}{1 \cdot 3^0} - \frac{1}{3 \cdot 3^1} + \frac{1}{5 \cdot 3^2} - \frac{1}{7 \cdot 3^3} + \cdots \qquad (7.5)$$

$$\pi = 3 + \cfrac{1}{7 + \cfrac{1}{15 + \cfrac{1}{1 + \cfrac{1}{292 + \cfrac{1}{1 + \cfrac{1}{1 + \cfrac{1}{1 + \ddots}}}}}}} \tag{7.6}$$

なんとも不思議な事実ではないだろうか。

　数学を学ぶと、これらの式が宝石のような 眩（まばゆ） い、美しい光を放っていることに気づくだろう。

　将来、理系学部に進む皆さんはこれらの数式のうち、いくつかを扱うことになるかもしれない。

　さあ、数学を始めよう。

---

[a] 「＝」の意味だけでなく、不等号の意味を取り違えている場合もある。例えば「3 ≦ 3」は正しい式か、間違った式か、ということについてあなたはきちんと人に説明できるか。

[b] 「$\overset{\mathrm{def}}{=}$」の「def」は definition（定義）の頭文字。

「≜」の「△」はアルファベットの「D」にあたるギリシア文字 $\overset{\text{デルタ}}{\triangle}$ であろう。

「≡」は三角形の合同や、高等学校で学ぶ「合同式」などで使われるので「同じ記号を使用することによる混同」が起こりやすい記号であるが、前後関係で判断することが比較的容易なので本書では「≡」を用いることにする。同じ記号はできるだけ避けたいが、手書きの際の画数の多さや見やすさを天秤にかけて、混同が少ないのであれば「≡」を使うのがベストだという判断をする。

2 若い先生方へ

　昔から、優秀な先生は多くいらっしゃった。筆者が昔、他校の先生方や先輩から耳にした、Pタイプ[*1]の先生について話しておこう。若い教員は、しっかり読んで、Pタイプを目指してほしい。これからの中高生を育てていくのは君たちだ。

1. Pタイプは、積極的に他の先生に授業を公開したり、他の先生に授業を見に来てもらうことを歓迎する。同時に他人の授業や、生徒に配布するプリントについてもよく研究している。
   (1) 生徒から評価されることや、生徒にアンケートに答えてもらうことに積極的に取り組む。
   (2) 上司、同僚、他人からの指摘、特に生徒からの批判を自らの糧とする。
   (3) 授業研究に余念がない。少しでも生徒のためになるよい授業をしようと、日々、研鑽に努めている。
   (4) 生徒へのプリントが「問題集のコピーの切り貼り（しかも歪んで貼り付けてる）」ばかり、というようなことはなく、「問題集のコピーの切り貼り」や「業者作成の問題をパソコンで並べただけ」がないわけではないが、時にはイチから自作するなど、効果的な教材を効果的なタイミングで投入する。
2. Pタイプは、生徒の前での佇まい、立ち居振る舞いに人一倍気を使うことができる。
   (1) 学校によっては男性ならスーツにネクタイ、と決まっているところもあるが、決まっていないなら別にネクタイ姿でなくても普通の大人の普通の社会人の格好でよいかと思う。[*2] 体育の先生ならジャージやTシャツで保健の授業をしても筆者はなんとも思わない。それはある意味、体育の先生の「正装」でもあるからだ。
   (2) だからといって、Pタイプは同じようにジャージやTシャツ、あるいは限度を超えた派手な格好で出勤し、そのまま授業をするなどということは決してない。したがって、上司や同僚から服装の注意を受けることは一度もないし、ましてや「この

[*1] iv ページでたまたま P, Q, R, S と表現しただけで、「P」に特に意味はない。

[*2] 外国人の語学講師などが民族衣装の正装で授業をするというなら止める理由はないだろうし、公序良俗に反しなければその国の常識的な服装であればネクタイなしでも問題にはしないだろう。そういう意味では和服で授業したって、気崩していなければそれも個性だろう。明治時代ならむしろ和服の先生が多かったかもしれない。服装に関する常識は、国と時代によって変わる。

服装が自分の個性」などと抗弁する必要もない。Ｐタイプの「個性」は服装や髪型ではなく「授業のわかりやすさ」で発揮される。

3. Ｐタイプは、

「年次有給休暇を使うことを避けるため、やることもないのに勤務終了時刻までは仕事をしているふりをしてダラダラ過ごし、勤務終了時刻の3分前からソワソワし始めて終了時刻とともに弾丸のように学校を出ていくことが常態化している」

なんていうことはない。もちろん

「『1分早い！』などと同僚から指摘される」

ことなどの経験はない。

4. Ｐタイプは、

クラブ指導や生徒のための補習、質問対応などで遅くなり、そこから仕事を始めるために遅くなってしまうこと

はあっても、そこからできるだけ早く片付けて退勤することを目指す。

5. Ｐタイプは、時間内に退勤すべく自身が脇目も降らずに仕事を片付けていくのに忙しいため、

「忙しく仕事をしている先生方の手前、先に学校を出るのが気まずいのか、カバンを持ったままそれとなく後輩に話しかけ、30分以上話し込む」

などということはまずない。

6. Ｐタイプは、

「木曜日の昼前から体調不良を口にし始め、午後からはいよいよ咳をし始め、結局、病院へ行くと言って早退する」

こともない。そして

「同僚教員の想像通り、金曜は『体調不良』で欠勤する」

こともない。したがって同僚に

「勝手に3連休にして旅行にでも行ってるで、あれは」

などと言われることもない。

7. 教員の中には

(1) 少し面倒な仕事を与えられたら

- 同僚に仕事がいかに面倒で大変かを朗々と話し、
- 仕事を与えた上司の文句ばかり言ってやはり同僚の仕事の邪魔をし、
- 結局、口ばかり動いて手が全く動かないので仕事は完遂せず、
- 挙げ句の果てに誰かに手伝ってもらうか交代してもらう。

(2) 難しい仕事を与えられたらこなせないし、協調性もなくパソコンも使えず、同僚や先輩が教えても「わからない」と言う。

(3) 自分で勉強する時間を作ることもせず、研修にも行かず、行っても何も学ばず、意欲も能力もない。

というタイプもあるかもしれないが、Ｐタイプはまずそんなことはない。

8. Ｐタイプは、

「仕方なく宴会の幹事や慰安旅行の幹事をさせてみたら、皆が忙しくしている勤務時間中に嬉々としてパンフレットを並べて検討し、しかもこんな奴に限って意外と幹事だけは上手くこなす」

などと言われることもない。

　令和の若い教員は、ぜひ授業研究に邁進して、中高生の「手本とする大人」「Ｐタイプ」となり、中高生の指導にあたってほしい。

　頼むで、後輩諸君！

Coffee Break

雑談：父の背中とジュースの量

　小さい頃、お風呂で父の背中を流した。とてつもなく広く、大きく感じた。

　　　　「まだまだ、もっと力を入れて。」

　一所懸命、力を入れるのだけれど父にはあまり効かなかったようだ。

　若い頃、先輩教員にはずいぶん可愛がってもらった。休みの日に、家族で信州へ行くからついて来い、と誘われ、便乗させてもらったり、別の車で他の教員らと連れ立ってついて行ったり、よく遊びに行ったものだ。

　宿へ着くと、先輩教員のお子さんとも一緒に入浴したものだが、あるとき当時 3 歳くらいのお子さんの体を洗ってやることになった。キャッキャ言いながら石鹸だらけにしてゴシゴシ洗ってやったのだが、すぐに洗い終わってしまうことに気づいた。

　自分の体を洗う時間を 100 とすると 50 の時間もかからない。そのときふと気づいた。そりゃそうだ。

　一辺の長さが a の正方形の面積は a^2 だが、一辺の長さが

- 2 倍の $2a$ になると、面積は $4a^2$ で 4 倍、
- 3 倍の $3a$ になると、面積は $9a^2$ で 9 倍

となる。

　筆者の身長はざっと 175cm。当時の子供の身長を簡単のために 100cm としようか。ということは 1.75 倍、すなわち $\dfrac{7}{4}$ 倍であるから、体表面の面積は $\dfrac{49}{16}$ 倍、およそ 3 倍となる。つまり、自分にしてみれば子供の体表面の面積は $\dfrac{1}{3}$ しかないのである。だから洗う時間も $\dfrac{1}{3}$ しかかからないことになる。

　ということは、筆者が父の背中を洗っていたあのとき、自分の背中の 3 倍の広さを洗わされていたことになる。身長が 2 倍もないので背中も 2 倍程度の広さだと思っていたから、余計に広く感じたのであろう。当たり前のことであるがいたく感心した。

　さて $\dfrac{1}{3}$ といえば、円錐の体積が同じ底面積で同じ高さの円柱の

体積の $\frac{1}{3}$ であることは中学生でも知っているであろう。筆者は小学校で覚えさせられていたので、「大体 $\frac{1}{3}$ 程度ということを小学校で学び、中学ではもっと精密な値を学ぶのだろう」と思っていたが、高2で積分法を学んだときに、ぴったり $\frac{1}{3}$ である事が計算により自らの手で生み出されたときは衝撃的だった。

「ホンマに $\frac{1}{3}$ やんけ！」

と 流 暢 な関西弁で呟いたのを覚えている。

　喫茶店でアイスコーヒーなどを注文するとおしゃれなグラスに入れられて出てくることがある。逆円錐形で、氷が入って、涼しげで、美味しそうだ。このようなとき、筆者はこう思うのである。
　円錐形というだけで円柱形の容積の $\frac{1}{3}$ しか入っておらず、更に氷で 嵩増し。。。

「ナンボも入ってへんやんけ！」

3　実は改善されている

　今回の執筆にあたって、ベースにしたのは 2007 年の筆者の発表である。当たり前だが時代は進んでいるので、今回の書き起こしにあたって主張の根拠となる文献を検証した。
　その中でいくつかの「進歩」「進展」が見られたのでここに集めておく。

1. 2007 年当時の教科書では、集合論のところで

$$\begin{cases} \text{現在の「共通部分」のことを「交わり」} \\ \text{現在の「和集合」のことを「結び」} \end{cases}$$ 　と記述していた。

　2007 年当時の筆者の発表では「交わり」「結び」は廃止して、それぞれ「積集合」「和集合」に統一する提案をしている。
　2023（令和 5）年から使用の高等学校の教科書では、「交わり」も「結び」も消滅している。まだ「積集合」は登場していない。[3]

---

[3] 書店販売されている一部の参考書や問題集には「積集合」は使用されている。

筆者の手元に 2007 年当時の教科書はないが、たまたま手元にあった以下の資料からは次のことが確認できる。

(1) 1982 年発行の数学 I 問題集（E 社）
→ 「共通部分（交わり）」および「和集合（結び）」という併記型の記述あり。

(2) 1993 年発行の数学 I 参考書（C 社）
→ 「集合の交わりと結び」というタイトルがついていて、「共通部分」も「和集合」も用語としての記載はない。

	$A \cap B$			$A \cup B$	
	積集合	共通部分	交わり	和集合	結び
(1)1982 (E 社) の問題集		○	○	○	○
1987 教科書		○	○	○	○
(2)1993 (C 社) の教科書			○		○
2007 教科書			○		○
2007 の筆者の主張	**推奨**		廃止	**推奨**	廃止
2023 教科書		○	消えた	○	消えた
2023 一部の参考書	○			○	

2. 空集合の記号（正しくは $\varnothing$ と言われている）が是正された。

2007 年当時は（C 社）だけが正しい記号を載せている状況で、他社は全て間違った表現（ϕ）をしていた[*4]。当時、間違った記号を教科書に掲載する状態を嘆く拙文を 2007 年の発表に掲載していた。いつの間にか是正され、筆者への報告はなかったが、現在の高校教科書は調べた限りは全社が正しい記号「$\varnothing$」を採用している。[*5]

3. 「判別式」の用語と英訳「Discriminant」は全社で記載されていた。

当時はどこの教科書も、「判別式」という用語も「Discriminant」という英訳も載せていなかった。これを 2007 年の拙文で指摘している。いつの間にか是正され、筆者への報告はなかったが、現在の高校教科書は調べた 5 社すべてが「判別式」と「Discriminant」を掲載している。

ただし、物理の教科書のように新出用語に英訳を併記するこ

[*4] 『高等学校新編数学 I』, 伊関兼四郎ほか著, 数研出版刊, 1987 年 [40] では「ϕ」という表現である。

[*5] 「$\varnothing$」が正しく、「ϕ」は間違い、というのは筆者の判断であるが、結局「$\varnothing$」に統一されたということは、本当に「$\varnothing$」が正しかったのか、文科省が「$\varnothing$」を正しいもの、と判断したということである。

3 実は改善されている

とはしていない。筆者は英訳併記は必要だと思っている。各出版社は直ちに数学教科書の新出用語に英訳をつけて「他社と差別化」すべきである。

ただし、それで採用部数が伸びるかの責任は負いかねる。

4. 筆者への報告はなかったが、ベクトルの成分表示のページに、「列ベクトルの表現が可能であること」を明記した教科書が現れた。

(1) 筆者の授業では板書時に列ベクトル表示を使用していた。その時は必ず、以下の注意事項を付け加えていた。

　「ベクトルの成分表示は『行ベクトル（横書き）』ではなく、『列ベクトル（縦書き）』で書くべきである。様々な観点からそれが自然で、かつ計算ミスも軽減されるからだ。

教科書がなぜ『列ベクトル（縦書き）』の表現をしないか。それは、

　　　ページ数が嵩み、

　　　教科書が分厚くなり、

　　　価格が上がり、

　　　他社との競争に負け、

　　　発行部数が減り、

　　　給料が減る、

という商業主義からである。──が、しかし。君たちも、もう高校生なんだから、そういう社会の仕組みはきちんと理解し、

　『ああ、こういう事情があって。。。なるほどね。自分たちで正しい理解をすれば良いだけだし。教科書会社に文句を言うものではないのね。そんなことしたら教科書会社に迷惑だね。我慢しよ。』

と慮る寛大な心を持たねばならない。」

(2) ただ、当時の教科書は行ベクトル（横書き）表示しかなく、生徒は不安に思っていたかもしれない。授業でも

　「模試で列ベクトル（縦書き）を書いても減点されるはずはない。勇気を持って列ベクトル（縦書き）を使え。ミスを防ぐためには絶対に効果的だ。ただ、万一『減点された』という例があれば報告せよ。」

と話していたが、実際に『減点されました』という報告はなかった。

誰もがビビって行ベクトル（横書き）表示しか使用しなかったのか、列ベクトル（縦書き）を使用したが減点はなかったのか、今となっては真相は藪の中である。

5. 筆者への報告はなかったが、「速度・加速度」にそれぞれ「速度ベクトル・加速度ベクトル」という表現を併記した教科書が現れた。

2007年当時は数学IIIの教科書の速度・加速度の記述に「速度ベクトル」「加速度ベクトル」の表現はなかった。今も大半が採用していないことがその証拠でもある。これを（C社）だけが記述してくれた。大きな一歩である。提案したのが筆者一人ではなかったとは思うが、提案者の一人として失礼を顧みず

言わせてもらえるならば、「大変高く評価したい」。

♡　　♡　　♡　　♡　　♡　　♡　　♡

　さて、上に上げた改善点は、各教科書会社が文科省と折衝して自発的に用語改正を行なってきたのか。

　それとも、筆者には内緒で、筆者へのお礼や報告や挨拶は一切なしで、筆者の 2007 年の発表をきっかけに動き出して変わってきたのか。

　モヤモヤしていたところ、先日文部科学省から連絡がきた。指定された京都の奥座敷、鞍馬の高級料亭の一室で会ってみると、上司と思われる白髪の上品な紳士と、大きな鞄を持った、赤ら顔の屈強な、鼻の高い天狗のような躯体の若者に迎えられた。

紳士　「2007 年の先生の発表がきっかけで、数学用語はこの 15 年で大きく前進しました。各社ともにいろんな見直しを行っている最中で、今後も行われることと思われます。先生のおかげです。その功績はとてつもなく甚大です。つきましては、些少ではございますが、お礼と言ってはなんですが、ほんの 7 億円ほど。どうぞ、お納めください。」

筆者　「いやいや、宝くじじゃないんだし、そんな大金を受け取るわけには。。。それに私はただ日本の数学教育のことを思ってですね。。」

紳士　「いえ、何としてもお受け取りを願いたいのです。ただ、引き換えに、と言ってはなんですが、先生が今後計画しておられる数学用語の改正や教科書のあり方についての構想をお聞かせ願いたいのです。」

筆者　「いや、今のところ特にまだ、、、、」

紳士　「そんなことはないでしょう。なんとか、そこをお願いします。」

筆者　「いや、本当に。あればお話ししますが、本当にないんです。」

紳士　「そう言わずに、先生！　先生！」

筆者　「そう言われましても、ないものはお話のしようがないので、、。。」

　すると突然、隣の「天狗男」が立ち上がり、

　　「ええい、さっさと話したらどうだ！　これでも言わぬか！」

　そう言って天狗が団扇を使って大きく仰いだ途端、急に一陣の風が吹き、自分の体が舞い上がったかと思うと次の瞬間には鞍馬の山中の高い木の上にくくりつけられていた。

天狗　「どうだ！　これでも話さないか！」

筆者　「わぁ〜！　やめてくれー！　誰かー誰かー！　助けてくれえーー！！」

3 実は改善されている

というところで目が覚めた。

自宅のリビングだった。

妻が言った。

「えらいうなされてたけど、一体、どんな夢見てたん？」

♡　　♡　　♡　　♡　　♡　　♡　　♡

2007 年当時に比べると、現在は少しずつ数学用語に変化があるのは事実である。しかしそれが筆者の訴えがきっかけだったかどうかは調べようがない。もしかしたら文科省の「お偉いさん」が筆者のアイディアを全部採用してこっそり用語改革の指示を出しているのかもしれない。

今からでも遅くはないので、秘密裡（ひみつり）に「鞍馬」の高級料亭の一室と 7 億円を用意してくれれば、いつでも馳せ参じる用意はある。

ただし、天狗殿の同席はご勘弁願いたい。

Coffee Break

雑談：100 ％

中高生が定期試験や入試の過去問等で目にする「確率の問題」で、答えが「0」や「1」、すなわち「0 ％」や「100 ％」になる問題はほぼ存在しない。

人は時に「そんなことは絶対に起こらない」「200 ％勝つ[a]」などの比喩を用いるが、現実の世界においても

「その確率は 0 ％だ！」「その確率は 100 ％だ！」

と言い切れる場面はほぼないだろう。

しかし、一つだけ「その確率は 100 ％だ」と言い切れることがある。それは、

人間が死ぬ確率

である。

筆者も、これを読んでいるあなたも、いずれ必ず死ぬ。明日かもしれないし 50 年後、あるいはもっと先かもしれないが必ず死ぬ。どんな強い人もどんなに強運な人も、必ず死ぬ。[b]

筆者も、もういつ死んでもおかしくない年齢となった。いつ死んでもおかしくない、というだけで死ななくてもおかしくはない。もちろん早く死にたいとか殺してくとかいう訳でもない。

本書を書くにあたって、原稿を書き始めたら「あれ、こう思っていたけどホントかな。誰がどの本で言っていたのだろう。」と思って調べてみると、思い違いであったり、間違いに気付いたりした。

そのために削除した文章も山ほどある。

でも、正しいと思うことを訴えようと、根拠を調べて整理して皆さんに提示したつもりである。

今回の執筆にあたって実際に手にした最も古い本は、大学の書庫にあった『一般的教養としての数学について』という 1936(昭和11) 年発行の本である（194 ページ参照）。もう何十年も前から誰も手にしていないのではないかと思われる古びた表紙のその本には、誰かが読みながらなぞったと思われる鉛筆の線が残されていた（図書館の本にそんなことしちゃいけません）。今から何十年も前に、誰かがこの本を手にして、筆者が今開いているページに鉛筆を走らせていたのかと思うと、本棚に挟まれた薄暗い空間でタームワープしたかのような思いに駆られた。その人は 2024 年の夏に、筆者がそのページを見ていることを想像できただろうか。

これが「本」のもつ「力」である。

20 年後、50 年後、100 年後にこの本は残っているだろうか。

この本を中高生は読んでくれているだろうか。

そのとき、筆者は 100 年後の未来の中高生と会話をしていることになる。筆者の思いは、この日本に届いたのだろうか。

- 牛や馬は死んだあとに頭しか残らないから一頭、二頭と数える。
- 鳥は羽しか残らないから一羽、二羽と数える。
- 人間は死んだら名を残すから一名、二名と数える。

という説があるそうな。筆者は名を残すほど大したことはできなかったから、せめて本を残そうと思う。

100 年後の中高生よ、どうか是非、一所懸命勉強して幸せな人生を送って欲しい。もし、タイムマシンが開発されていたら、数学用語がどう変わったのか、ぜひ 2024 年の筆者に報告にきてほしい。

ただし、妻に内緒で平日の昼間からラーメン屋で大ジョッキを傾けているところへは現れないように。

---

[a] 格闘家やボクサーが口にすることがある。勝負師としての想いは十分理解するが、「全体を 100 とするとそのうちのどのくらい」かを聞くのが「百分率」である。「200 ％」は「語義矛盾」である。だからといって「200 ％勝つ！」と叫んでいる試合前のボクサーにこういう忠告をすべきではない。ぶん殴られても責任は負いかねる。

[b] 136 ページの論理と比べてみよう。友人と議論しよう。

付録A

「完璧」はなぜ「完ぺき」と書くのか

1 「当用漢字」と「常用漢字」について

本文では要約したので、『「完璧」はなぜ「完ぺき」と書くのか』[37] から、正しく引用しておく。

p.11 （「がん具」や「処方せん」のようなものを「交ぜ書き」と定義した後で）

この「交ぜ書き」という珍現象を発生せしめた元凶は、昭和21(1946) 年、敗戦直後、内閣訓令・告示として公布された「当用漢字表」です。日本語の平易化のためと称し、当時の内閣が新たに定めた 1850 字の当用漢字なるもの以外は使用すべきではない、と告示したために、日本の教育界・出版界を始め一般の人々まで、これに従わざるを得ませんでした。

p.12 確かに徒らに難解・煩雑な漢字・漢語の乱用には問題があり、時に一定の規制や自粛が必要なこともありましょう。しかしこの「当用漢字表」の犯した最大の罪過は、日常一般に使用する漢字の字種・字数を、1850 字以内に限定したことにあります。以来、「当用漢字表」以外の漢字は、全て「表外漢字」「制限漢字」と称せられて、使用禁止となりました。小・中・高校の諸学校の教科書を始め、官公庁の公文書、民間の新聞・雑誌などの刊行物に至るまで、その制約に従わざるを得ませんでした。──（中略）──

「交ぜ書き語」は、「当用漢字表」による「書き換え要求」への抵抗の一手段として発生し、まことにグロテスクな形ながら、漢字・漢語の生命力を保つ役割を担ってきたとも言えるでしょう。

p.13 その締め付けが緩められるまでには、実に三十数年の歳月を要しま

した。「当用漢字表」（1946年）が改訂されて、「常用漢字表」として公示されたのは、昭和56（1981）年のことでした。その字数は、1850字から1945字というわずか95字の追加に過ぎませんでしたが、その根本精神が、漢字使用の「制限」から「使用の目安」を示すにとどまるという大転換だったのです。国家が漢字の使用に一定の枠を設けて、それ以外は使用を禁止するというのではなく、漢字の使用枠を例示して、この程度までとし、その目安を示すにとどまるということでした。

それは、まちがいなく国策の大転換でありました。皮肉な言い方をすれば、「交ぜ書き語」という奇形の語まで生んで、表現の自由の回復を迫った庶民の、輝ける成果だったということもできるでしょう。

p.14　このようにして、今から二十数年前（引用者註　1981年を指す）に、漢字の使用制限は緩和されて、その使用は各人各機関の自由裁量に任されたはずでした。ところが、今もなお（引用者註　2005年ごろ）、新聞や雑誌に、そして官公庁の公文書などに「がん具」「処方せん」などの「交ぜ書き語」を見るのは、何故なのでしょうか。折角、「当用」から「常用」へ、「制限」から「目安」への国策の転換があったというのに、表現の現場では、それへの対応ができずに、「交ぜ書き」の呪縛から、いまだに脱し得ていないのです。──（中略）──

p.15　「交ぜ書き語」誕生の原因は、「当用漢字表」にありと、すでに突きとめ得たはずですが、そのことにのみ、その責めを帰してしまうのは早計に過ぎるでしょう。幕末以後、明治・大正・昭和の百数十年間は、実に漢字・漢語は受難の歴史を刻んだ時期でした。圧倒的な欧米文化の流入期に、漢字の煩雑さを標的とした、当時の知識人やいわゆる先覚者と称された人々の漢字へのバッシングは、ほとんど耐えることなく続けられてきました。

慶応2（1866）年、近代郵便事業の創始者前島密は、「漢字御廃止之儀」を徳川15代将軍に奉って、西洋文明流入に刺激された漢字全廃・かな表記論を展開しました。また、明治6（1873）年、後に文相をも務めた森有礼は、漢字を全廃するだけではなく、日本の国語を英語にしてしまえと主張しました。さらに物理学者田中館愛橘の如きは、「ローマ字国字論」を多年にわたって国会に建議し続けています。

これらの主張は、さすがにそのままには当時の良識とはなり得ませんでしたが、その後、福沢諭吉・森鴎外などが中心になって提唱した「漢字節減論」は、漢字の使用を2000字から3000字程度にとどむべしという穏健なものでした。戦後の「当用」「常用」の両漢字表は、それらの議論の延長線上にまとめられたものです。

従って、戦後の60年間にこの両漢字表が果たした役割については、それなりの評価が与えられてしかるべきでありましょう。しかし、文明開化期以来、100年以上にわたって論議され醸成されてきた漢字文化軽視の風潮は、今に引き継がれているということができます。その風潮の及ぶところ、敗戦直後に誕生し、今でも日本語の表記を呪縛し続けているのが「交ぜ書き語」という醜怪な表記なのです。その姿を「羽織袴にハイヒール」「チャイナドレスに丁髷」という異様な風体にたとえたとしたら、言い過ぎになりましょうか。

p.39　「交ぜ書き」や「言い換え」ではなく、漢字表現の平易化のために、当用漢字公布後には、「刺戟」を「刺激」、「蒐集」を「収集」、「抛物線」を「放物線」、「下剋上」を「下克上」とするような漢字の「書き換え」が行われました。「叡智」も、その時「英知」と「書き換え」られていたはずです。しかし、平成17（2005）年9月現在、名古屋で行われている万国博覧会のテーマは「自然の叡智」であって「英知」ではありませんでした。「叡智」は「英知」ではいけなかったのです。現代の日本では「比叡山」の「叡」としかほとんど使われていないこの漢字の感触を、万博の当事者たちは、捨てきれなかったのでしょう。

（ルビの一部は引用者）

■常用漢字表の「前書き」

　長くなるが、2010年（平成22年）11月30日告示の常用漢字表の「前書き」を引用する。

前書き

1　この表は，法令，公用文書，新聞，雑誌，放送など，一般の社会生活において，現代の国語を書き表す場合の漢字使用の目安を示すものである。
2　この表は，科学，技術，芸術その他の各種専門分野や個々人の表記にまで及ぼそうとするものではない。ただし，専門分野の語であっても，一般の社会生活と密接に関連する語の表記については，この表を参考とすることが望ましい。
3　この表は，都道府県名に用いる漢字及びそれに準じる漢字を除き，固有名詞を対象とするものではない。
4　この表は，過去の著作や文書における漢字使用を否定するものではない。
5　この表の運用に当たっては，個々の事情に応じて適切な考慮を加える余地のあるものである。

（圏点引用者）

付録B

昭和29年、文部省の決定

1　学術用語集・数学編

　53 ページで片野が触れていた『学術用語集・数学編』[38] について、筆者の見解を述べておく。

『学術用語集・数学編』1

　巻頭の「序文」に続く「まえがき」では、「この事業の遂行に際し，審議会は次のような方針をとった。」とし、

　　第 1 に，新用語の制定は関係学会の意見に基いて決定する
　　第 2 に，学術用語の整理につき一般方針を定める
　　第 3 に，用語制定には，次のような手続 (原文ママ) をとる

ことを挙げられている。
　第 2 の、審議会としての「学術用語整理の一般方針」の中には、

　1. 用語は平易・簡明で理解しやすく，かつ語感のよいものを選ぶこと。
　　── （中略） ──
　6. 意味のない漢字の使用（特にあて字）は，つとめて避けること。
　7. 用語については，大要次の方針によること。
　　1) 漢字は当用漢字表（昭和 21 年 11 月 16 日付，内閣訓令第 7 号および内閣告示第 32 号）によること。したがって，同漢字表にないものはかな書きに改めるか，または他の語に言いかえること。

とある。

「1.」と「6.」で、

> 1. 用語は平易・簡明で理解しやすく，かつ語感のよいものを選ぶこと。
> 6. 意味のない漢字の使用（特にあて字）は，つとめて避けること。

としておきながら、「7.」では

> 同漢字表にないものはかな書きに改めるか，または他の語に言いかえること。

と言っているのは矛盾ではないだろうか。

「当用漢字表にはない漢字」を「かな書きに改める」か「他の語に言いかえ」ようとすれば、「平易・簡明で理解しやすく，かつ語感のよいもの」を選ぶことが難しいものもあるだろうし、場合によっては「意味のない漢字の使用」をせざるを得ないことが出てくるのではないか。実際、関数、放物線、共役、背理法、という漢字に「意味がある」とは思われない。

さらに、「根」に至っては当用漢字表にあるのに一部は「他の語に言い換え」、「平方根、立方根」は残したのである。

当用漢字表にはない漢字			
元の用語	対策	修正後	筆者の評価
昇冪	交ぜ書き	昇べき	みっともない
降冪		降べき	
方冪		方べき	
楕円		だ円	楕円に変わった
円錐		円すい	円錐に変わった
函数	漢字を変えた	関数	漢字に意味がない
抛物線		放物線	
共軛		共役	
帰謬法	他の語に言い換え	背理法	

当用漢字にあるのに			
元の用語	対策	修正後	筆者の評価
根	他の語に言い換え	解	根と解を使い分けるべき
実根		実数解	戻すべき
重根、等根		重解	
虚根		虚数解	
無縁根		無縁解	
		（現在の教科書では見ない）	
平方根	言い換えず	平方根	誠に正しい
立方根		立方根	
1 の虚立方根		（最近は見ない）	

1　学術用語集・数学編　　　　　　　　　　　　　　　　　　　　　**179**

『学術用語集・数学編』2

第3の用語制定の手続（原文ママ）としては

―（前略）―

3. 専門部会相互の間に意見を異にするものは，関係の専門部会で調整し，またできるかぎりその原案を印刷に付して世論に問い，再調整を行う。
4. この結論を国語審議会に連絡して，国語改善の見地から審査を願う。
5. 審査されたものを総会に付議して制定案を決定し，文部省に答申し，文部省はこれを編集し刊行する。

とまとめられている。

　「3. その原案を印刷に付して世論に問い」、の「世論」の対象と人数（資料の個数）はどうやって「適正値」を出したのか。

　同時に、「国語審議会に連絡して，国語改善の見地から審査を願う。」ことは大切であるとは思うが、対立した場合は「数学の常識」を優先すべきと考えるが、実際はどうだったのか。

　この時点で「常用漢字」は世に出ていないので限界はあったのだろうが、「世論」と「国語審議会」の介入が適切であったかどうか検証が必要であろう。

『学術用語集・数学編』3

そして、

　　当審議会としては，学術用語制定の重要性にかんがみ，以上のように慎重な方策・手続をたてて事に当ったが，上述のように各分野の歩調を整えることはきわめて困難で，――（中略）――しかる用語は生きたものであるので，一挙に完全を期するわけにはいかなかった。

としている。最後に、

　　この用語集にも，なお改訂を要するものや，学問の進歩につれ追補すべき新用語が少なからずあると思われるが，これらの点は後日いっそうの改良を加え，版を重ねるにつれて名実ともにわが国の学術標準用語集として権威を高めることを期したい。
　　願わくは，利用者各位におかれては批判・検討を加えら

> れ，ふじゅうぶん，不適当な箇所を惜みなく指摘されるよ
> う切望する次第である。

と結んでいる。

　皮肉ではなく、御説ごもっともで何を付け加えるでもない。最大の敬意
をもって同意させていただく。
　ただし、

　　「版を重ねるにつれて名実ともにわが国の学術標準用語集として権
　　威を高める」

作業はその後、誰が引き継いだのか。
　文科省のどこか奥の金庫に、誰にも見られることのないように厳重に保
管されているのだろうか。今度、ルパン三世にでも頼んでみるか。

『学術用語集・数学編』4

　これを受けた「主査のことば」の中では、さらに具体的な事実が記
録されている。

　　　この用語集は，──（中略）──学術用語分科審議会数学用
　　語専門部会で審議された結果を，世に問うものである。
　　──（中略）──ただ，特に数学用語に関して問題となった点
　　を述べて読者の参考に供したい。
　　　数学各部門の用語につき，最初にひとわたり検討したと
　　き，明らかにされたことは，いままでの慣用語のうち，数学
　　上重要な概念に対応するものに，当用漢字以外の漢字が使
　　われているものが，数語あるということであった。すなわ
　　ち，函数・円錐・楕円・抛物線・収斂・共軛・冪・凸・凹の
　　太字の文字は当用漢字に採用されていない。
　　　これらの語の代案については，数学に関心をもつ二千数
　　百人に用語整理の一般方針を示して，2 回にわたる世論調
　　査を行い，その結果は詳しく分析して記録に留めたが，各
　　回最も多くの支持を得た一つまたは二つの案についてここ
　　に報告すれば，次のとおりである。（表中の百分率は回答数
　　に対するもので，回答率は第 1 回 51.3 ％第 2 回 50.3 ％で
　　あった。）

	第1回		第2回	
函　数	関　数 (45.2%)	函　数 (27.5%)	函　数 (42.6%)	関　数 (41.2%)
円　錐	円　錐 (31.6%)	円スイ (30.7%)	円　錐 (52.9%)	円スイ (36.4%)
楕　円	長　円 (40.2%)	楕　円 (24.4%)	長　円 (57.0%)	長円・楕円併用 (24.8%)
抛物線	放物線 (61.6%)	ホウ物線 (15.9%)	放物線 (93.2%)	
収　斂	収　束 (45.9%)	収レン (27.2%)	収　束 (86.3%)	
共　軛	共　役 (36.7%)	共ヤク (28.8%)	共　役 (79.7%)	
冪	累　乗 (47.5%)	ベ　キ (25.5%)	累　乗 (51.7%)	累乗・ベキ併用 (27.0%)
凸・凹	凸・凹 (56.9%)	トツ・オウ (30.0%)	凸・凹 (96.4%)	

「世に問う」は、どこかで聞いた言葉のような気がするが。。。。。

さて、「当用漢字に採用されていない」漢字について「数学に関心をもつ二千数百人」に世論調査をしたとのことだが、この「数学に関心をもつ二千数百人」は誰だったのか。「その結果は詳しく分析して記録に留めた」とあるが、どこに保管されているのか。

対象はどの年齢層で、どの知識層（大学教授なのか高校教員なのか高校生なのか一般の数学に関心を持つ人なのか）で、どの地域であったのか。それは学術的にどういう理由で選出され、どういう意味をもっていたのか。この情報を手にしないと調査が適正であったのかどうかの評価ができない。適正でなかった、というのではなく、情報がないと評価ができない。

回答率が「第1回 51.3％第2回 50.3％」というのも、高いのか低いのか評価のしようがない。

表中の百分率が回答数に対するもの、なので、例えば1回目の調査の結果、「関数」が 45.2％、「函数」が 27.5％、であるなら、残り 27.3％が「その他・不明」ということになる。

ということは、実際に回答しなかった 48.7％全員の票が

	「関数」	「函数」	「その他・不明」
全て「関数」に流れた場合	71.9％	14.1％	14.0％
全て「函数」に流れた場合	23.2％	62.8％	14.0％
全て「その他」に流れた場合	23.2％	14.1％	62.7％

となる。

この結果を見て、「適正な用語の選定」の参考になるのだろうか。

非難しようと言うのではない。当時の先生方がこれだけ丁寧に、真摯に、この問題に取り組んでくれたという証拠が残されていることは本当に素晴らしい。

決して「適当に」、「密室の会議で」、「少数意見で」、「勝手に」、「誰かの

意図をベースに」、「忖度で」、「パワハラで」、「恫喝で」、「贈収賄で」、決めたのではない、ということがよくわかる。

　本当によくやっていただいた。こんな感動的な話はそうそうあるものではない。誰か将来、ドラマにしてほしい。

　その上で、このバトンを我々世代が受け取れなかった。

　おかしいな、なんとかしたいな、高校生に負担をかけているな、と言い続けながら何もしてこなかったのは我々世代である。

『学術用語集・数学編』5

　さらに「主査のことば」から引用を続ける。

　　この調査の結果によって，放物線・収束・共役の語を採用すべきは，まず当然と思われるが，他の語については種々問題が提起される。たとえば凸・凹の2字は当用漢字にないが，第2回の調査においては，第1回の調査の結果を示して世論に問うたにもかかわらず，96.4％までがこれを採るべきことを支持している。円錐についても，このままを支持する者が過半数の52.0％（表では52.9％なので、どちらかが誤植と思われる。）である。

　　楕円を長円に代えることは57.0％までが支持しており，長円は当用漢字のなかにあるから問題がないようであるが，委員のうちにはこれを採りがたいとする者がある。累乗についても，ある委員はベキを捨てがたいとする。函数・関数については，最も微妙である。

　　委員会では，数次にわたる審議の結果，第2回の世論調査において最も支持の多かった案を採るべきことに決定したのであるが，審査部会においては，用語整理の一般方針7に「大要」とあるのは拡張解釈をゆるさず，当用漢字以外のものは絶対に採るべきではないとの反対がなされた。また，長円・収束の語は，それぞれ工学・経済学関係で楕円・収斂とはまったく別の意味に用いられているから，採るべきでないとの異論も出た。

　　このようにしてけっきょくは，本用語集に見られるような案を発表することとなったのであるが，この案がはたして世論の支持を得られるものであるか否かは，読者の批判にまたなければならない。

　　会長の「まえがき」にしるされているとおり，ここに示す用語は，これを強制するのではなく，提案するのである。

最近当用漢字にも改正案が発表されたように，学術用語も世論に従って定められていくのが最も自然と思われる。
　ともあれ，学術用語も，学術論文の表現も，なるべく平易なものにして，学問をだれにも親しみやすいものにするのは，日本の民主化のためにたいせつなことである。数学用語専門部会もそのためいくらかの努力をしてきた。わたくしの微力のため，その結果はここに見られるような，ふてぎわなものになったが，今後の完成のための下ごしらえとして，これもなんらかのお役にたてば幸である。
—— （後略）——
（圏点引用者）

侃侃諤諤、という表現が相応しいのかもしれない。
先人は、皆、頑張ってくれた。
最後に注目すべきは、

　　「ここに示す用語は，これを強制するのではなく，提案するのである。」

であり、

　　「学術用語も世論に従って定められていくのが最も自然と思われる。」

である。そして

　　「学問をだれにも親しみやすいものにするのは，日本の民主化のためにたいせつなことである。」

と謳った先人の思いに、我々は応えなければならない。

　限られた人生の残り時間の中で皆さんにご報告する機会はもうないと思うが、ここに記した疑問の検証は、これからも個人的研究として続けたいと考えている。

参考文献

[1] 『広辞苑』，新村出著，岩波書店刊，第 7 版 2018 年
[2] 『大辞泉』，松村明著，小学館刊，第 2 版 2012 年
[3] 『コンサイス英和辞典』，編者 木原研三，三省堂刊，第 13 版 2002 年
[4] 『コンサイス和英辞典』，三省堂刊，第 11 版 2002 年
[5] 『世界大百科事典 改訂新版』，平凡社刊，2007 年
[6] 『シップリー英語語源辞典』，ジョーゼフ T. シップリー著，訳者 梅田修，眞方忠通，穴吹章子，大修館書店刊，2009 年
[7] 『中日辞典』，小学館刊，新装版 2006 年
[8] 『新訂 字統』，白川静著，平凡社刊，2005 年
[9] 『字通』，白川静著，平凡社刊，第 13 刷 2008 年
[10] 『新明解現代漢和辞典』，影山輝國ほか著，三省堂刊，第 1 刷 2012 年
[11] 『数学辞典』，一松信 伊藤雄二著，朝倉書店刊，第 2 刷 1997 年
[12] 『日本の数学事典』，上野富美夫著，東京堂出版刊，1999 年
[13] 『数学 英和・和英辞典』，小松勇作編著，共立出版刊，増補版第 1 刷 2016 年
[14] 『数学小辞典』，矢野健太郎ほか著，共立出版刊，第 2 版増補第 1 刷 2017 年
[15] 『数学史辞典』，日本数学史学会編，丸善出版刊，2020 年
[16] 『日本数学者人名事典』，小野﨑紀男著，現代数学社刊，2009 年
[17] 『数学用語と記号 ものがたり』，片野善一郎著，裳華房刊，2003 年
[18] 『授業を楽しくする 数学用語の由来』，片野善一郎著，明治図書刊，1988 年
[19] 『虚数の情緒』，吉田武著，東海出版刊，2000 年
[20] 『オイラーの贈り物』，吉田武著，ちくま文芸文庫刊，2001 年
[21] 『素数入門』，芹沢昭三著，ブルーバックス刊，2002 年
[22] 『入試数学伝説の良問』，安田亨著，ブルーバックス刊，2003 年
[23] 『なっとくする無限の話』，玉野研一著，講談社刊，2004 年
[24] 『なっとくする数学記号』，黒木哲徳著，講談社刊，2001 年
[25] 『自然にひそむ数学』，佐藤修一著，ブルーバックス刊，1998 年
[26] 『直観でわかる数学』，畑村洋太郎著，岩波書店刊，2004 年
[27] 『やりなおし高校の数学』，岩渕修一著，ナツメ社刊，2005 年

[28] 『自然数から実数まで』，笠原章郎著，サイエンス社刊，1983 年
[29] 『複素数と 4 元数』，坪郷勉著，槇書店刊，1967 年
[30] 『これでなっとく！ 数学入門』，瀬山士郎著，ソフトバンククリエィ
ティブ刊，2009 年
[31] 『新版なぜ分数の割り算はひっくり返すのか？』，板橋悟著，主婦の
友社刊，2016 年
[32] 『藤沢利喜太郎'数学ニ用キル辞ノ英和対訳字書"について』，山口
清著，九州産業大学国際文化学部紀要第 11 号，1998 年
[33] 『明治期の数学辞書における 数学訳語・記号の標準化について』，上
垣渉，2014
[34] 『数学嫌いな人のための数学』，小室直樹著，東洋経済新報社刊，
2001 年
[35] 『フェルマーの最終定理』，サイモン・シン著，青木薫訳，新潮文庫
刊，2006 年
[36] 『数学の言葉づかい 100—数学地方のおもしろ方言』，数学セミナー
編集部編，日本評論社刊，1999 年
[37] 『「完璧」はなぜ「完ぺき」と書くのか』，田部井文雄著，大修館書店
刊，2006 年
[38] 『学術用語集・数学編』，文部省，1954 年
[39] 『高等学校数学 I 代数学』，彌永昌吉著，東京書籍刊，1956 年
[40] 『高等学校新編数学 I』，伊関兼四郎ほか著，数研出版刊，1987 年
[41] 『一般的教養としての数学について』岩波書店，昭和 11 年
[42] 『チャート式代数学復刻版』，星野華水著，数研出版刊，2014 年
[43] 『高校数学公式活用事典 第 4 版』，岩瀬重雄著，旺文社刊，2011 年
[44] 『逆説の日本史 1』，井沢元彦著，小学館刊，1993 年
[45] 『伝説の灘校教師が教える一生役立つ学ぶ力』，橋本武著，日本実業
出版社刊，2012 年

おわりに

　予言しておく。
　10 年後、

　　「無理数って、どこが無理なんですか?」

という質問はなくなっていない。そして、

　　「有理数とはなんですか。口で簡単に説明して下さい。」

という質問には、逃げ腰の国民が大半であり、誤訳が原因と思しき理由での数学嫌いまたは数学を苦手とする人が多いはずだ。

　　これは、結局みんなが本書の指摘を放置し続け、誰も責任を持って数学用語改革に乗り出さなかった場合の話である。

　人は、国と時代を超えられない。
　日本に生まれるにしても、時代を間違えたらとんでもないことになっているだろうし、この時代に生まれたとしても国を間違えたら今と同じ生活はできていないかもしれない。
　日本は本当に素晴らしい国で、しかも良い時代に生まれたことをただただ幸運に思う。
　しかし何事かを決定するのに時間のかかる国でもある。話し合いをして、各方面の理解を得て、どこからも苦情の出ないように配慮を重んじる、これがこの国の正義なのだ。一人の英断で「ワシが責任を取るから」という判断は下しにくい。しかし結果的にそれが、子供たちを犠牲にしてきた国でもある[*1]。
　もし、数学用語を変える権限を持つ責任ある立場の人たちが動かず、この先 10 年、結局用語が変わらなくても、本書が国民に遍(あまね)く行き渡り、本

[*1] 誤解のないように言っておくが、これを単純に非難するわけではない。悪い面ばかりでもないと思う。この国の正義がそういうモノであることを正しく理解して、正しく対処することが重要なのだ。

書の内容をしっかり理解すればよいだけの話*2ではあるが、それは随分遠回りな話であり、現実的、本質的な話ではないと思う。

　教科書に書いてあることを全ての学校で全ての先生が

　　　　「教科書にはこう書いてあるけど本当はね、、」

と言わなければならないからである。こんなバカらしい話はない。教科書の用語を変えれば済む、それだけだ。

　　もし 10 年経って用語改正が行われなかった場合は、いや、筆者の予想ではおそらく用語改正は行われないだろうから*3、その時は政府が本書を一括購入して、日本中の中高生に一冊ずつ配布してやることをお願いしておく。

　2011（平成 23）年、理科では「リットル」の表記が「ℓ」から「L」に変わった。*4

　変えられるじゃないか。

　責任ある人たちが動けば変わるじゃないか。

　そもそもこれまでだって教科書の用語は随分変わってきている。

　第一、常用漢字にないというバカな理由で「本来の意味を持つ漢字」を、「音だけが同じ漢字」に置き換えてきた歴史があるではないか。

　53 ページにも書いたように常用漢字は、

　　　　「一般の社会生活において使用する漢字の目安として選定」
　　　　　　　　　　　　　　　　　　　　【広辞苑】[1]（圏点引用者）

され、「前書き」では

　　　　「この表は，科学，技術，芸術その他の各種専門分野や個々人の表記にまで及ぼそうとするものではない。」
　　　　「個々の事情に応じて適切な考慮を加える余地のあるものである。」

---

*2 または 80 ページに記したように、全ての教科書出版会社が全ての誤訳用語が出現するページの欄外に毎回必ず注釈を付ける、でもよい。

*3 冗談や当てつけではなく、本当に予想が外れてほしい。用語改正が行われれば、本書は意味をなさなくなる。それが筆者の本懐（かねてからの願い。本望。本意。【広辞苑】[1]）である。

*4 当然、「$m\ell$」は「mL」へと変わっている。昭和生まれの筆者にしてみれば違和感しかない。しかし、ちゃんと変わっているのだ。先人への不要な忖度などなく、年寄りが違和感を持とうとも、理科ではこういうことができるのだ。数学だけが、「誤訳」を訂正せず、「『数学』を『数楽』にしよう」などといつまでも寝惚けたことを言い続けている。

と明記されている。

　数学用語の邦訳や漢字の選定、その後の漢字の変更に際し、当時どんな複雑な理由があったかとか、○○先生の熱い思いが込められていたとか、いかなる正当性があったかは問題ではない。

　もし命名や用語変更についての責任を調べたとして、「誰か悪い人がいた[*5]」としても、今更誰が悪いのかったのはもう問わないし、突き止めたところで益はない。先人はみんな、必死でやってくれたのだ。

　筆者は、最高のリスペクトを持って最大の賛辞を送る。

　今後、10年、20年、50年、100年後の日本の中高生が困らないように、今すぐ数学用語を変える権限を持つ責任ある立場の人たちには動いてもらわなくてはならない。

　そのためには、中高生と中高の数学教員のムーブメントが必要だ。

　中高生自らが声を上げて国を動かすのだ。

　畑村は言う。

- 手元に教科書があったら最後のページを開いてみてほしい。その教科書を書いた人たちの名前が載っている。よくみてもらうとわかるように、大学教授の名前がたくさん載っている。教科書には、そういった教授達の意向がふんだんに織り込まれているのである。

　　蛇足：高校生に教えるのは高校の先生なのだから、本当にわかりやすく教えやすい教科書は、教育現場で日々努力している先生達が作るのが本来の姿ではあるまいか。
　　【『直観でわかる数学』、畑村洋太郎著，岩波書店刊，2004年】
　　　　　　　　　　　　　　　　　　　　　　　　（圏点引用者）

　20年前の著書なので、当時はそういう色合いが強かったのだろうが、最近は少し事情に変化も見られる。

　実際、今回本書を上梓するにあたって調べた教科書の巻末には、筆者の旧知の先生[*6]も何人かいらっしゃるので、現場の声も届くような体制になってきていることはここに明記しておく。

　また、167ページに述べたように用語の改善も少しは実行されている。

[*5] いるとは思えないが

[*6] 昔、研究会で一緒にお仕事させていただいた先生や、食事を共にさせていただいた先生もいらっしゃるが、先方には「お前なんか知らん」と言われるかもしれない。

本書の主張と仮説を本文の掲載順に再掲しておく。

主張 1

「無理数がなぜ無理数と呼ばれるのか」を授業で教わらなかった人が数学を嫌いになったり、数学を苦手だと感じている（感じていた）とすれば、それはその人の責任ではなく、そのことを教えてこなかった先生と学校、そして、日本の数学教育に責任がある。

目的

「物事を正しい目でとらえ、自分の頭で考える」
「疑問に思ったことを曖昧にしない」

仮説

日本では、

- 初めて目にした言葉はまず、「漢字」とその「読み」で理解しようと努める人がほとんどである。
- 一度聞いたはずの言葉の意味を忘れてしまったときは、やはり「漢字」とその「読み」を用いて思い出そうとする人がほとんどである。

主張 2

無理数も、はじめは誰しも「どこが無理な数なのかな」と思うものだが、学校等で教わって、学習したのち後天的に「無理数はどこも無理ではない」ことが一般常識となっていくものである。
ところがなっていない。
その証拠に、あなたは「どこが無理だったっけ？」と思って本書を手に取ったではないか。
これが正に、日本の数学教育の大問題なのだ。

191

———— 主張 3

　用語の変更に何か問題や障碍があるのだろうか。「こんなことを心配しているのです」ということがあるなら教えて欲しい。
　筆者が

　　そんなことなら心配いらない。
　　未来の中高生たちのために、日本の数学教育のために実行してやってくれ。
　　責任なら俺がとる。（あぁ、なんてカッコいい。。。）

と言ったら実行してくれるのだろうか。

———— 主張 4

　数学用語がどういう理由で選定されていようとも、

- 現代にそぐわないもの、
- 名が体を表していないもの、
- 特に、その名によって生徒が誤解を招くもの、

は今すぐにでも改変すべきである。

———— 主張 5

　人間の思考は母国語によって行われる。
　日本の母国語には漢字が使われている。
　中高生対象の数学用語に間違った漢字が含まれた状態で、初学者の中高生に正しく思考せよと言うには無理がある。
　まず、正しい漢字に直すべきである。

12 ページを少し言い換えて、もう一度言っておく。

もしこの先 10 年以内に「無理数」が「非比数」と正しく（？）訳された場合、「非比数」が教科書に載ったその日から

「無理数はどこが無理か」

という質問はこの日本から消滅する。──消滅するのである。

「分数はどこが無理か」
「整数はどこが無理か」
「実数はどこが無理か」

が出てこないのと同じで、もうこんな疑問を持つ生徒、および一般の大人たちもいなくなる。

1. 筆者がこれからラーメン屋に修行に出て、3 年後にいよいよ店を持つことになるとする。満を持して出店するその店の名前を
   「ラーメン無理無理」
   とすると言ったら、家族はどう言うか。世間はどう言うか。
2. あるいは焼肉屋を開店して、店の目玉商品が「無理無理カルビ」だったら、あなたは注文する前にこう言うのではないか。
   「この『無理無理カルビ』は何が無理なんですか？」
3. 自分の子供に、「無理男」や「無理子」という名前をつけるか。
   筆者の父方の祖父の名前は「捨吉」である。読者は、「なぜそんな名前を付けたのか」と思うだろう。「捨」という字にネガティブな印象を受けるからである*7。
   「モノ」や「人」に名前をつけるときにはネガティブな漢字を使わない、という常識があるからだ。
4. 英語圏の外国人から、
   「日本では irrational number はどういう訳語になっているのか」
   と聞かれた時に
   「 impossible number （不可能数）」とか
   「 unreasonable number （無茶苦茶数）」
   などと答えるのか。どんな顔をされるだろう。

「無理数」を放置するのは、このくらい、おかしなことなのである。

---

*7 宗教的な理由らしい。

もし 10 年後にみんながその必要性に気付いて、「やっぱり用語改正を行おう」と思うなら、改正はきっと「正しいこと」なんだろう？
　だったら今からそうしようではないか。15 年前に行っていれば今の中高生には「常識」となっていたのである。「やるなら今しかない」。[*8]
　筆者は 15 年以上前に、「誤訳」について考え、訴えた。
　その後も授業や研究会で叫び続けてきた。
　そして今回、「日本の数学教育の問題点」に噛み付くことにした。
　山田先生、田中先生[*9]、あなたたちは噛みつかないのか！
　今しかないぞ、俺たちがやるのは！

「名簿が男女別だった」など、「昔の学校と今の学校はこんなに変わった！」というテーマのテレビ番組などを時に見かけるが、もし用語の改変に成功したら、その数年後にそういった番組の特集にぜひ「無理数」を取り上げてほしい。

　　　「こんな無茶な用語があったなんて！」
　　　「信じられない！」
　　　「今では考えられない！」

という、その時代の中高生の驚きの声とともに。（もしそういう企画が放送される日がきたら、鞍馬の料亭と 7 億円を忘れずに。）

　人間の死亡率が 100 ％であることを考えると、筆者自身もいずれこの世からいなくなる。老衰なのか病気なのか、事件か事故か自殺か他殺か「謎の溺死」か「図書館で頭を打って」かわからないが、いずれ間違いなくなくなる。このことだけは、皆に平等に与えられた宿命であるのだから。まあしかし、なんとか 20 年後くらいならまだ存命中かもしれないので、こういう番組を自身の目で確認してから旅立ちたいと思っている。（筆者が死んだ後に「こういう本を書いていた人がいた！」といって世の中が動くことは本意ではない。動くなら筆者の存命中にお願いしたい。筆者は日本の数学用語が動くことをこの目でぜひ見てみたいので。）

　[*8] 本書の発行年は奥付（書物の末尾に、書名・著者・発行者・印刷者・出版年月日・定価などを記した部分。【大辞泉】[2]）に記載されるのだから、改正が行われるのが遅れれば遅れるほど、文科省としてはみっともないことになることを忠告しておく。「みちはた公司の指摘から何年かかっとんねん」と言われることになる。
　[*9] いずれも仮名。実在の個人を指しているわけではない。

さて、今回、拙稿の最終チェックをする中で、
【『一般的教養としての数学について』、昭和11年、岩波書店】[41]
で、高木貞治の次の言葉に行き当たった。

> 「所で數學者は概念が明確であることに安心して、それを表はす用語は單なる符牒、シンボルとして、それに無頓着であります。反社會的といふか反常識的といふか、へんな術語を使うて平気で居る、これが數學を不人氣ならしめる一つの原因、かなり大きな原因であるかも知れないと思ひます。高等學校で特に文科の學生に對しては、不用意なる用語が數學の理會に意外の障害を與えるのではないかとも考へられます。」 　　　　　　　（ふりがなは引用者）

なんだ、本書38ページにおける主張はすでに昭和11年に高木によって指摘されているではないか。当時、今よりまともであったはずの（と筆者が感じる）数学用語に対してすら、高木はこう考えていたのである。

177ページで紹介した『学術用語集・数学編』が作られた昭和29年、高木のような主張をする数学者はいなかったのか。いたけれども会議で押し切られたのか。筆者の今後の研究課題としよう。

今回、覚悟を持って「動いて」みたら、少なからず人生に変化があった。いい意味で人生が「うるさくなってきた」。

10年後の中高生、および学校数学教員は本書の内容をしっかり検証してほしい。現在、20代、30代の教員は10年後は30代、40代である。
もし「10年後に無理数がまだ無理数のまま」というこの予言が当たっていたら、その時こそ本当に「誤訳」の問題を真剣に考えてほしい。50年、100年後の中高生と数学教員に「何をしていたんだ」と思われないように。もし、これだけ言ったのに数学用語が変わらず、未来の中高生が数学の学習に不当に悩み続けることが続く場合、流石に本書は

　　　　　　　　　　　　　　　——責任を負いかねる。

言いたいことは概ね言った。「遺書」はこれにて終了である。本書が全国の中高生の手に届くことを願って、悪役レスラーの仮面を脱ごう。
　若者よ、バトンは渡すぞ。

　　　ええか、わしゃ、言うたしな！

みちはた公司（みちはたこうじ）
1966 年 京都市山科区生まれ
1989 年 3 月 京都教育大学教育学部数学科卒業
1989 年 4 月 京都府立峰山高校学校弥栄分校教諭
1991 年 4 月 京都成章高等学校教諭、その後学年主任、教頭、副校長
2023 年 3 月 早期退職、11 月 宇治市立西小倉中学校講師
　　　　　　　2024 年 1 月より 京都府立桃山高等学校講師を兼任
2024 年 4 月 京都府立桃山高等学校講師
元京都府高等学校数学研究会役員、元京都私立中学高等学校数学研究会役員

大学時代は出雲日御碕、能登半島、佐渡島、北海道など自転車で一人旅
2004 年 100 キロマラソン完走、2005 年 漢字検定準一級取得
日本漢字能力検定協会日本語教育研究所第 21 期客員研究員
趣味　落語鑑賞、ギター

無理数は、どこが無理なのか
〜みちはた公司の主張と雑談〜

　2024 年 11 月 4 日　第 1 刷発行
　著　者　　みちはた公司
　発行者　　太田宏司郎
　発行所　　株式会社パレード
　　　　　　大阪本社　　〒530-0021　大阪府大阪市北区浮田 1-1-8
　　　　　　　　　　　　TEL 06-6485-0766　FAX 06-6485-0767
　　　　　　東京支社　　〒151-0051　東京都渋谷区千駄ヶ谷 2-10-7
　　　　　　　　　　　　TEL 03-5413-3285　FAX 03-5413-3286
　　　　　　https://books.parade.co.jp
　発売所　　株式会社星雲社（共同出版社・流通責任出版社）
　　　　　　　　　　　　〒112-0005　東京都文京区水道 1-3-30
　　　　　　　　　　　　TEL 03-3868-3275　FAX 03-3868-6588
　印刷所　　創栄図書印刷株式会社

本書の複写・複製を禁じます。落丁・乱丁本はお取り替えいたします。
© Koji Michihata 2024　　Printed in Japan
ISBN 978-4-434-34623-1　　C0041